批间控制理论与设计方法

Theory and Design of Run to Run Control

潘天红　王海燕　谭　斐　著

科 学 出 版 社

北　京

内 容 简 介

本书全面系统地介绍了离散制造过程的批间控制理论及其设计方法，侧重于介绍混合制程批间控制研究的最新进展。全书共 7 章，分为三大部分，第一部分针对混合制程的控制问题，阐述了基于 JADE、ANOVA、G&P-EWMA、贝叶斯估计及扩张状态观测器的批间控制理论与设计方法；第二部分针对带测量时延的制程控制问题，给出系统稳定性分析、测量时延概率的估计算法及 EWMA 滤波器设计方法；第三部分结合贝叶斯理论，研究批间控制性能评估方法，并给出批间控制器协同设计策略。

本书适合从事离散制造业控制、半导体晶圆加工过程监控、计算机控制、系统工程等研究方向的广大科技人员阅读，也可供高等院校相应专业的师生参考。

图书在版编目(CIP)数据

批间控制理论与设计方法/潘天红，王海燕，谭斐著. —北京：科学出版社，2022.3

ISBN 978-7-03-071476-3

Ⅰ. ①批… Ⅱ. ①潘… ②王… ③谭… Ⅲ. ①自动控制理论 Ⅳ. ①TP13

中国版本图书馆 CIP 数据核字(2022)第 026117 号

责任编辑：李涪汁　蒋　芳/责任校对：崔向琳
责任印制：赵　博/封面设计：许　瑞

科 学 出 版 社 出版
北京东黄城根北街 16 号
邮政编码：100717
http://www.sciencep.com
北京厚诚则铭印刷科技有限公司印刷
科学出版社发行　各地新华书店经销
*
2022 年 3 月第　一　版　开本：720×1000　1/16
2025 年 1 月第二次印刷　印张：9 3/4
字数：200 000

定价：99.00 元

(如有印装质量问题，我社负责调换)

前　言

芯片制造是信息产业的基石，是国家高端制造能力的综合体现。深入研究半导体晶圆制造优化控制的理论与方法对信息产业升级与结构调整均具有重要的意义。半导体晶圆制造包括数百个工艺步骤，从晶圆到封装芯片的整个器件处理时间通常为6～8周。为了满足设备质量要求并保持高产量，需要对每个工艺步骤进行非常严格的控制，并在生产线上实施。

批间控制技术(run-to-run control, RtR control)是半导体工业中广泛用于保证产品品质的一类算法。它将统计过程控制(statistical process control, SPC)和先进过程控制(advanced process control, APC)相结合，在每个批次加工开始之前，基于之前在该机台加工过的晶圆质量信息和待加工晶圆的信息，批间控制器以输出偏差最小为目标，计算求得该机台操作的最佳工艺方案，从而使待加工晶圆通过该机台的加工达到期望的质量指标。批间控制器具有如下特点：①采用了离散反馈控制机制，在批次过程中保持工艺方案不变；②允许异位测量；③以更新机台实时控制器设定点为目标；④可以组成多入多出控制器；⑤在小批次或模型不准确时需要仔细调整参数。RtR 控制器的本质是确定工艺方案如何更新的法则。

批间控制的一类基本算法是指数加权滑动平均(exponentially weighted moving average, EWMA)，其形式类似于内模控制。基于 EWMA 的批间控制器有多种形式，如：sEWMA(single EWMA)控制器可以有效抵御突变性扰动；dEWMA(double EWMA)控制器能克服慢漂移扰动。针对半导体制造业中的多规格、小批次特点，提出了有变动折扣因子的 v-EWMA(variable EWMA)控制器。除 EWMA 型控制规则外，还有一些其他类型的控制器设计。如：考虑不同噪声模型的自适应批间控制器，该控制器由非线性约束优化器和递归最小二乘估计器组成，通过对一个非线性回归模型(如 Hammerstein 模型)的在线估算实现对 RtR 控制器参数的调节，对于初始参数未知的过程，自调节控制器效果明显。也有学者通过线性模型预测控制(linear model predictive control, LMPC)描述批间控制器。LMPC 是用传统的状态空间模型来求解一个二次规划问题，与 dEWMA 模块一样，在有模型建模误差的情况下可以实现无余差目标追踪，而且基于 LMPC 算法的 RtR 控制器具有较多的软硬件资源可用。

近年来，多规格、小批量、高附加值混合产品制程已经成为半导体晶圆制造的主要生产模式，即同一生产机台可同时加工多种不同规格的产品，而同一规格的产品又可能出现在不同的机台(产品的混合制程)。此外，半导体晶圆制程普遍存在参数突变和漂移、模型参数不匹配以及测量时延等不确定因素，这些影响因数之间通常有非静态的、自关联性的及交互关联性的特质，对半导体晶圆混合制程控制提出了新的挑战。

针对混合制程的特点与其不确定性，研究扰动状态估计与批间控制器协同设计方法，是个值得研究的问题。因此，本书将从以下几个方面对半导体晶圆混合制程的控制进行一些有益的探索：①线程控制模式下的批间控制器设计；②非线程控制模式下的批间控制器设计；③基于状态观测器的批间控制器设计；④带测量时延制程的批间控制器设计；⑤批间控制器的性能评估算法。本书可为半导体晶圆混合制程的控制提供理论与技术支撑，从而为我国集成电路制造产业的发展提供批间控制新理论和新方法。

本书的研究工作得到国家自然科学基金(61873113、61273142)、江苏省自然科学基金(BK2011466)、江苏省六大人才高峰计划(2012-DZXX-045)、江苏省 333 高层次人才培养工程(BRA2018177)等项目的资助。同时，作者所指导的研究生盛碧琦、郭威、卞骏、万莉、赵丹等课题组成员也做了大量的工作。在此表示衷心的感谢。

本书是作者团队最近几年研究工作的结晶，希望本书的出版能够进一步推动半导体晶圆加工过程控制的学术研究和技术开发。由于作者水平有限，书中难免有疏漏与不当之处，恳请广大专家和读者批评指正，来函请发至 thpan@live.com。

潘天红

2021 年 10 月 12 日

目　　录

第1章 批间控制概述

1.1 引 言

集成电路是当今信息技术产业高速发展的基础和源动力，已经高度渗透与融合到国民经济和社会发展的各个领域，其技术水平和发展规模已成为衡量一个国家产业竞争力和综合国力的重要标志之一[1]。发展集成电路产业不仅具有现实的经济利益，而且将极大地影响我国在未来全球信息化竞争中所处的地位。一方面，集成电路产业的发展成果广泛应用于工业化社会的各个方面，影响和带动了一系列的传统产业技术革命；另一方面，建立在集成电路技术进步基础上的全球信息化、网络化浪潮，也使得集成电路产业的战略地位越来越重要[2]。为了进一步促进集成电路产业的快速发展，以信息化带动工业化，实现社会生产力的跨越式发展，必须尽快加速发展我国的集成电路产业，以使得我国在下一代信息化社会中占据有利的竞争地位。

芯片制造是集成电路产业的核心环节，它是通过晶圆制造批量完成的。如图1.1所示，晶圆生产采用精确的制造工艺，一般先将晶圆适当清洗(clean)，再在其表面进行氧化(oxidation)，经过光刻(photolithography)、蚀刻(etching)、离子注入(ion implantation)、化学气相沉积(chemical vapor deposition, CVD)、物理气相沉积(physical vapor deposition, PVD)、化学机械抛光(chemical mechanical polishing, CMP)多次重复后，最终在晶圆上完成数层电路及元件加工与制作[3]。完成后，从单个晶圆上切割下数百片完全相同的裸片(芯片)，再将每个芯片安装到金属或塑料封装材料上，封装的芯片经过最终测试后，装配到最终产品中。

在晶圆制造过程中，随着反应腔内沉积物的堆积或者耗材的损耗，制程中可能出现“漂移”(drift)干扰；由于耗材更换等预防性维护、上游产品或原材料的变化，制程中可能出现“跳变”(shift)干扰；由试验设计离线获得的制程参数可能与实际制程不一致，从而导致“模型不匹配”(model mismatch)干扰；半导体制造业是高成本、高投资的产业，用于设备的投资金额常常上千万甚至上亿美元。随着社会经济及信息化的发展，电子类产品日益丰富，用户需求也更加趋于多样化和个性化。因此，多品种、小批量生产模式应运而生，其普遍程度更是随着柔性生产的发展而增高，这就导致在同一加工机台，可能有几种甚至几十种晶圆在同时加工；且生产次序杂乱无章，直接与客户对产品种类、性质和数量上的需求相关，从而导致系统动态特性变化范围大且频繁，非线性特征显著[4]。

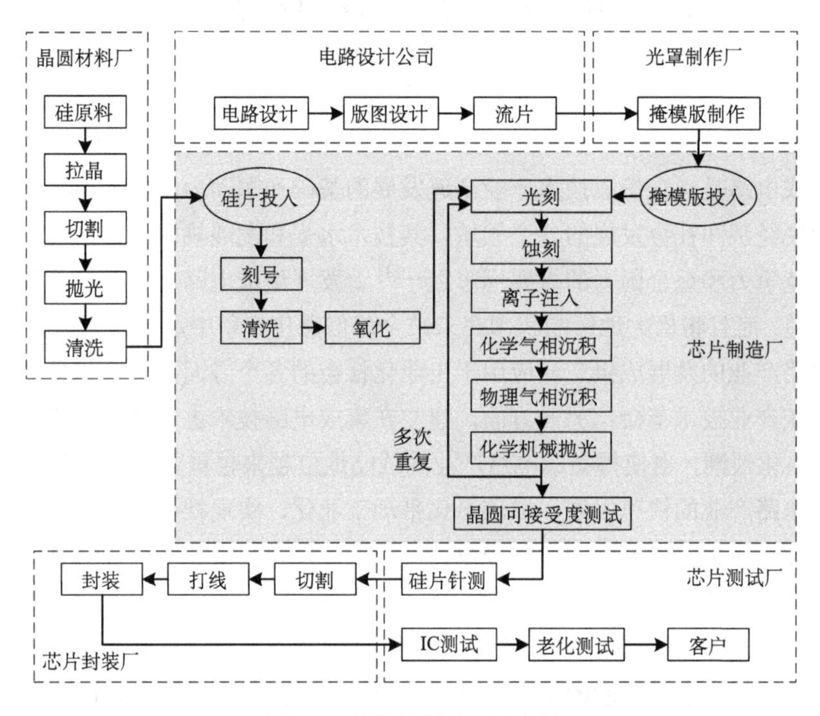

图 1.1 晶圆的制造工艺流程

为了有效地控制半导体晶圆制程，通常采用分级控制结构，如图 1.2 所示[4]。根据晶圆品质的测量值，例如蚀刻的深度、宽度、位置等，采用数值运算方法，得到下一次运行的工艺参数配置。运算中采用的关键品质参数来源于每批次末的测量值，而不是实时测量值，故此类控制策略被称为“批间控制”(run-to-run control, RtR control)。批间控制位于半导体晶圆制程分级控制的最外层，是一种非现场型控制，对现场型传感器的需求有限。批间控制采用来源于复杂测量设备离线测量的数据，当有测量值时，才对参数配置进行调整，因而是一种特殊的离散时间、事件触发式的控制方式。

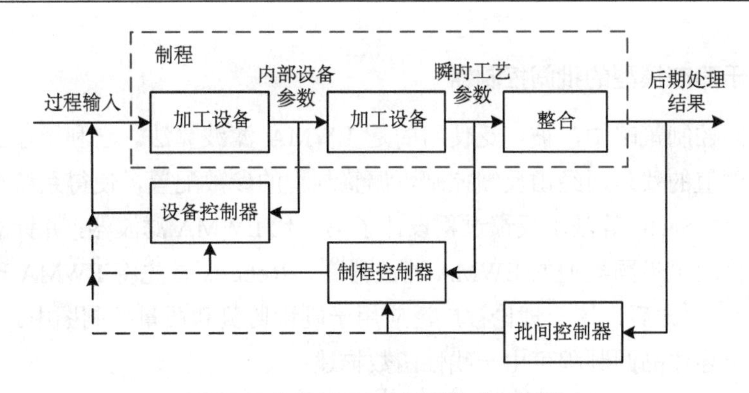

图 1.2　半导体晶圆制程分级控制结构

近几十年来，随着半导体工艺的不断革新，批间控制理论也得到丰富与发展，它利用制程信息精确、及时地调整参数配置，抑制晶圆制程的扰动，进而调节制程中关键参数，最大限度地降低晶圆之间的品质差异。实践证明，批间控制是独立于设备的控制方式，不需要额外增加传感器或改变机台的硬件配置，即可提升加工设备生产效能，降低生产成本。积极发展有效的半导体晶圆制程批间控制，提高产品的品质一致性和总体设备效能成为国内外学者持续关注的重要课题[5-7]。

1.2　批间控制算法

批间控制通常包含三个基础元素：数学模型、控制器和滤波器，如图 1.3 所示。结合生产过程数学模型和输出测量值，利用专门算法调整制程的工艺参数，补偿过程中的变化和扰动。数学模型通常是一个基于半导体晶圆制程信息的简化模型。例如，很多晶圆制程可以用一个稳态线性模型来描述。滤波器是批间控制中最重要的环节，通过滤波器可以监测制程中扰动的变化，更新系统状态，不同批间控制算法的区别主要在于滤波器种类不同。

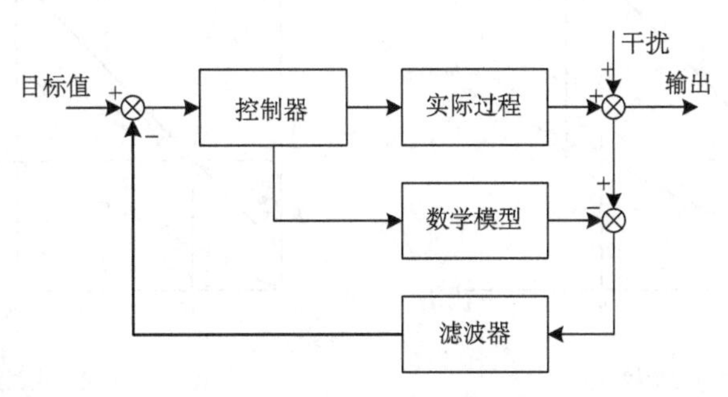

图 1.3　批间控制结构图

1.2.1 基于静态模型的批间控制器

在批间控制策略中，被广泛使用的是 EWMA 滤波算法。它利用输出观测值与输出预测值的残差，经由反馈控制，调整制程的参数配置，使得系统输出值达到目标值[8]。Sachs 等基于反馈过程设计了第一代 EWMA 滤波器，并针对不同的扰动模型使用了不同类型的 EWMA 滤波器[9]。Roberts 首先将 EWMA 理论用于质量控制[10]。此后，这一理论被广泛应用于制程监测和质量控制图中。

设某半导体晶圆制程可由一线性函数描述：

$$y(k)=\beta u(k-1)+\alpha(k)+\eta(k) \tag{1.1}$$

式中，$y(k)$ 为在第 k 批次制程的输出；$u(k-1)$ 为第 k 批次的制程输入，并由上一批次系统的输出信息决定；β 为制程增益；$\alpha(k)$ 为制程的截距；$\eta(k)$ 为制程的动态扰动，可用 IMA(1,1) 时间序列模型描述为

$$\eta(k)=\eta(k-1)+\varepsilon(k)-\theta\varepsilon(k-1) \tag{1.2}$$

式中，$\varepsilon(k)\sim N(0,\sigma_\varepsilon^2)$ 为白噪声；θ 为 IMA(1,1) 的模型参数。

由过程数据，辨识出该制程的数学模型为

$$\hat{y}=bu+a_0 \tag{1.3}$$

式中，a_0 与 b 分别为 α 与 β 的初始估计值，定义 $\xi=\dfrac{\beta}{b}$ 为模型不匹配系数。

设某待加工晶圆的目标值为 τ，则系统的初始偏差为

$$\Gamma_0=\alpha+\beta\left(\frac{\tau-a_0}{b}\right)-\tau \tag{1.4}$$

为了消除偏差 Γ_0，最简单的做法就是平行移动直线 $\hat{y}$，使直线 $\hat{y}$ 与直线 $y=\beta u+a$ 相交于目标值的位置①，如图 1.4 所示。

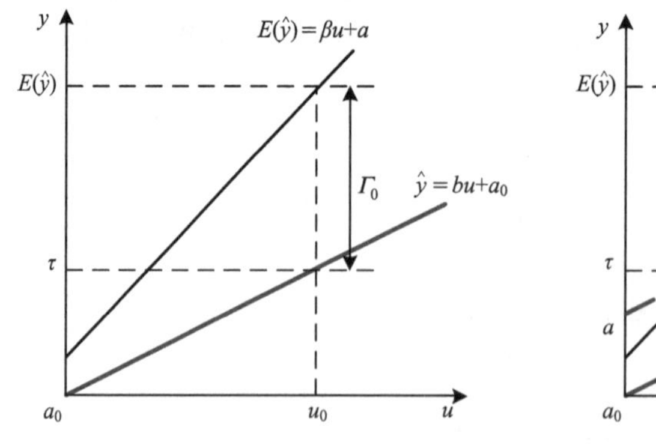

(a) 制程的初始偏差值

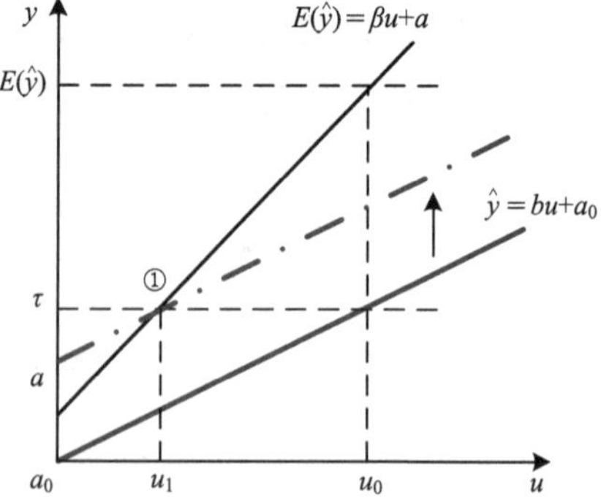

(b) 制程的第一次调整

图 1.4　系统输入输出关系图

移动后，a^*满足$\left(a^*-a_0\right)=\lambda\Gamma_0$（$\lambda$为折扣因子，$0<\lambda<1$）。EWMA 控制器就是通过不断估计系统的干扰项：

$$a(k)=\lambda\left(y(k)-bu(k-1)\right)+(1-\lambda)a(k-1) \tag{1.5}$$

来改变系统的输入值：

$$u(k)=\frac{\tau-a(k)}{b} \tag{1.6}$$

整个 EWMA 滤波器的批间控制结构如图 1.5 所示。

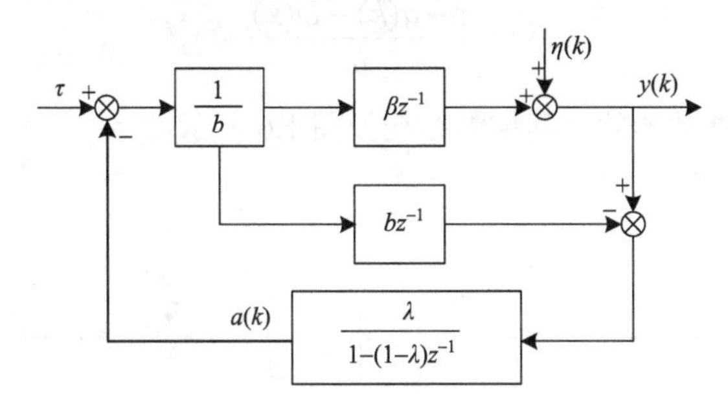

图 1.5　基于 EWMA 滤波器的批间控制结构图

Good 和 Qin 给出了 EWMA 批间控制器稳定性的条件[11]：

$$0<\frac{\lambda\beta}{b}<2 \tag{1.7}$$

由上式可知，在模型的初始估计值确定的情况下，折扣因子λ选取不当将会导致控制器的不稳定；反之，当折扣因子固定，初始的估计值b存在严重低估，即$b\ll\beta$，也会造成 EWMA 批间控制器不稳定。

考虑耗材损耗等问题，制程干扰可描述为 IMA 时间序列模型和其他主导漂移干扰的叠加，即式(1.2)可进一步描述为

$$\eta(k)=\eta(k-1)+\varepsilon(k)-\theta\varepsilon(k-1)+\delta \tag{1.8}$$

式中，δ为漂移率。

EWMA 批间控制器无法有效地消除形如式(1.8)的制程干扰，会使输出与目标值之间产生静差。折扣因子λ重置的 EWMA 批间控制器可有效抑制漂移干扰[11,12]。基于鲁棒性分析优化的 EWMA 批间控制器也可以抑制系统的不确定性和随机干扰[13]。而消除漂移干扰更为普遍的方法是采用预估校正控制(predictor-corrector control, PCC)算法，用指数滤波器预测当前制程输出，进而校正制程实际的输出。采用两个 EWMA 滤波器来实现 PCC 算法的方式称为双指数

加权滑动平均(double EWMA, dEWMA)批间控制器[14]。当制程存在漂移干扰时，dEWMA 批间控制器可以使输出无偏地接近目标值。

利用 dEWMA 滤波器得到干扰估计为

$$\begin{cases} a(k)=\lambda_1\big(y(k)-bu(k-1)\big)+(1-\lambda_1)\big(a(k-1)+D(k-1)\big) \\ D(k)=\lambda_2\big(y(k)-bu(k-1)-a(k-1)\big)+(1-\lambda_2)D(k-1) \end{cases} \tag{1.9}$$

式中，λ_1 和 λ_2 是滤波器的折扣因子。

基于 dEWMA 滤波器干扰估计的批间控制为

$$u(k)=\frac{\tau-a(k)-D(k)}{b} \tag{1.10}$$

基于 dEWMA 滤波器的批间控制结构如图 1.6 所示。

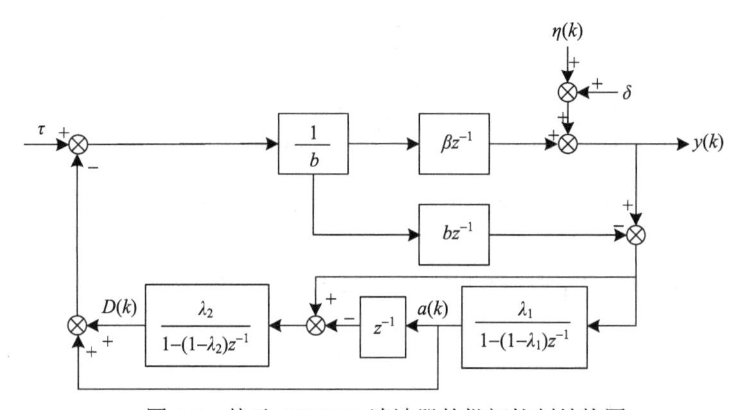

图 1.6　基于 dEWMA 滤波器的批间控制结构图

仅从算法参数的角度来看，dEWMA 批间控制器和 EWMA 批间控制器相比，多了一个参数，但稳定条件有很大的不同，Del Castillo 给出了 dEWMA 批间控制器的稳定性条件[15]：

$$\begin{cases} \left|1-0.5\xi(\lambda_1+\lambda_2)+0.5z\right|<1 \\ \left|1-0.5\xi(\lambda_1+\lambda_2)-0.5z\right|<1 \end{cases} \tag{1.11}$$

式中，$z=\sqrt{\xi^2(\lambda_1+\lambda_2)^2-4\lambda_1\lambda_2\xi}$。

dEWMA 批间控制器和三个要素(ξ，λ_1，λ_2)有关。当 ξ 确定之后，两个折扣因子(λ_1、λ_2)的取值决定了闭环控制系统的稳定性。同样地，折扣因子确定后，则闭环控制系统是否稳定则由 ξ 决定。

Good 和 Qin 讨论了 dEWMA 批间控制器折扣因子 λ 的优化方法[11]。Chen 等基于模型估计，提出了 dEWMA 批间控制器的自适应折扣因子 λ 调节方法[16]。Lee 等基于输出干扰观测器(output disturbance observer, ODOB)框架讨论了 EWMA、dEWMA 等批间控制器的性能，将折扣因子 λ 扩大到复数域，并在此框架下提出了基于鲁棒性条件的最优折扣因子选择方法[17]。Adivikolanu 和 Zafiriou 改进了标准内模控制(internal model control, IMC)结构[18]，从而减少了批间控制由测量时延造成的偏差。基于扩张状态观测器的批间控制器[19]和基于滑模观测器的批间控制器[20]被相继提出，将滤波器扩展成非线性形式，以适应更复杂的干扰情况。

随着制程复杂度的提高，式(1.2)与式(1.8)远不足以描述制程中的各种干扰。常见的制程干扰还包括：

RWD 加漂移模型干扰：

$$\eta(k)=\eta(k-1)+\delta+\varepsilon(k) \tag{1.12}$$

ARMA(1,1)时间序列模型干扰：

$$\eta(k)=\phi\eta(k-1)+\varepsilon(k)-\theta\varepsilon(k-1) \tag{1.13}$$

ARIMA(1,1,1)时间序列模型干扰：

$$\eta(k)=(1+\phi)\eta(k-1)-\phi\eta(k-2)+\varepsilon(k)-\theta\varepsilon(k-1) \tag{1.14}$$

式中，ϕ 是自回归系数。

为适应多种形式的干扰，获得最佳控制效果，有学者提出了基于卡尔曼滤波(Kalman filter)的批间控制器[21]。

首先，将系统的干扰描述为状态空间的形式：

$$\begin{cases}\boldsymbol{\psi}(k+1)=\boldsymbol{A}\boldsymbol{\psi}(k)+\boldsymbol{G}\boldsymbol{w}(k+1)\\ \eta(k)=\boldsymbol{C}\boldsymbol{\psi}(k)+v(k)\end{cases} \tag{1.15}$$

式中，$\boldsymbol{\psi}(k)$ 是状态向量；$\boldsymbol{w}(k)\sim \boldsymbol{N}(0,Q)$ 和 $\boldsymbol{v}(k)\sim \boldsymbol{N}(0,R)$ 是自噪声向量；$\boldsymbol{A}$、$\boldsymbol{G}$、$\boldsymbol{C}$ 是干扰模型的系数矩阵。

将静态模型(1.1)转换为状态空间形式：

$$\begin{cases}\boldsymbol{\psi}(k+1)=\boldsymbol{A}\psi(k)+\boldsymbol{G}\boldsymbol{w}(k+1)\\ y(k)=\beta u(k-1)+\boldsymbol{C}\boldsymbol{\psi}(k)+\boldsymbol{v}(k)\end{cases} \tag{1.16}$$

采用离散卡尔曼滤波方式对制程干扰进行估计：

$$\begin{cases}\tilde{\boldsymbol{\psi}}(k)=\boldsymbol{A}\hat{\boldsymbol{\psi}}(k-1)\\ \tilde{\boldsymbol{P}}(k)=\boldsymbol{A}\hat{\boldsymbol{P}}(k)\boldsymbol{A}^{\mathrm{T}}+\boldsymbol{G}\boldsymbol{Q}\boldsymbol{G}^{\mathrm{T}}\\ \boldsymbol{K}(k)=\tilde{\boldsymbol{P}}(k)\boldsymbol{C}^{\mathrm{T}}(\boldsymbol{C}\tilde{\boldsymbol{P}}(k)\boldsymbol{C}^{\mathrm{T}}+R)^{-1}\\ \hat{\boldsymbol{\psi}}(k)=\tilde{\boldsymbol{\psi}}(k)+\boldsymbol{K}(k)\left(y(k)-bu(k)-\boldsymbol{C}\tilde{\boldsymbol{\psi}}(k)\right)\\ \hat{\boldsymbol{P}}(k)=\left(\boldsymbol{I}-\boldsymbol{K}(k)\boldsymbol{C}\right)\tilde{\boldsymbol{P}}(k)\end{cases} \tag{1.17}$$

根据卡尔曼滤波估计，得到批间控制器输出：

$$u(k)=\frac{\tau-\boldsymbol{C}\hat{\boldsymbol{\psi}}(k)}{b} \tag{1.18}$$

考虑到干扰位置的不同，基于卡尔曼滤波的批间控制器也被扩展为截距更新和增益更新的形式[22]，Xu 等基于卡尔曼滤波器讨论了制程增益变化对制程控制效果的影响[23]。

1.2.2 基于动态模型的批间控制器

在复杂的半导体晶圆制程中，上述静态模型往往难以准确描述制程的动态。例如，在机械抛光制程中，抛光量不仅与当前批次的抛光时间有关，还与前批次的抛光时间有关，因为抛光垫的磨损程度取决于其投入使用的总抛光时间，以及所处理样品的硬度。此外，离线测量不可避免地造成了测量时延，忽略测量时延的控制算法难以保持最优性能[24]。因此，基于制程动态设计批间控制器更符合实际应用需求[25]。近年来，基于动态模型的批间控制器研究引起了学者们的广泛讨论和分析。表 1.1 总结了针对不同 SISO 模型的批间控制器研究情况。

表 1.1　SISO 批间控制器分类

模型	IMA(1,1)	ARIMA(1, 1,1)
静态模型(无漂移)	EWMA[9]	EWMA[26]
静态模型(有漂移)	EWMA[15, 27] dEWMA[28]	EWMA[26]
动态模型	Triple-EWMA[29] EVOP-RtR[31] EWMA[34]	MVU-EPC[30] qMMSE[32, 33] PI Controller[35]

设半导体晶圆制程的动态模型为[29]

$$A_r(z^{-1})y(k)=z^{-d_u}B_s(z^{-1})u(k-1)+\alpha+\eta(k) \tag{1.19}$$

式中，$u(k)$ 和 $y(k)$ 分别是批间控制的输入和输出；α 是制程截距项；d_u 是系统的时延；$A_r(z^{-1})=1-a_1z^{-1}-\cdots-a_rz^{-r}$；$B_s(z^{-1})=b_0-b_1z^{-1}-\cdots-b_sz^{-s}$。$\{a_i\}_1^r$ 和 $\{b_j\}_1^s$ 分别表示输出和控制器输入的结转效应，且设 $A_r(z^{-1})=0$ 和 $B_s(z^{-1})=0$ 的根在单位圆内。动态模型(1.19)称为 TF(r, s, d_u)。

设制程干扰 $\eta(k)$ 满足 ARIMA(p, d, q) 时间序列模型，即

$$\Phi_p(z^{-1})\left(1-z^{-1}\right)^d \eta(k)=\Theta_q(z^{-1})\varepsilon_\eta(k) \tag{1.20}$$

式中，$\Phi_p(z^{-1})=1-\phi_1z^{-1}-\cdots-\phi_pz^{-p}$；$\Theta_q(z^{-1})=1-\theta_1z^{-1}-\cdots-\theta_qz^{-q}$；$d$ 是非负整数。$\{\phi_i\}_{i=1}^p$ 和 $\{\theta_j\}_{j=1}^q$ 分别是自回归系数和滑动平均系数，设 $\Phi_p(z^{-1})=0$ 和 $\Theta_q(z^{-1})=0$ 的根在单位圆内，以保证满足时间序列平稳可逆的条件。$\varepsilon_\eta(k)\sim N\left(0,\sigma_\eta^2\right)$ 是白噪声序列。Tseng 等[36] 和 Gong 等[37] 分别基于动态模型(1.19)分析了 EWMA 和 dEWMA 批间控制器的性能及稳定性。Gong 等还针对复杂干扰，提出了 dEWMA 折扣因子的优化方法[37]。

基于最小方差控制，Tseng 等提出了 quasi-MMSE(qMMSE)批间控制器[33]。以 TF(1, 1, 1)描述制程的动态模型：

$$y(k)-a_1y(k-1)=b_0u(k-1)+b_1u(k-2)+\alpha+\eta(k) \tag{1.21}$$

式中，a_1、b_0 和 b_1 是未知动态参数，代表前 n 批次的输出和控制器输入对当前制程的结转效应。通常情况下，距离当前批次越远的制程信息对当前批次的影响越小，故设 $|a_1|<1$，$|b_1|<|b_0|$。当 $b_1=0$ 时，该模型(1.21)与 Fan 等[38] 提出的模型一致，而 $a_1=0$ 时，该模型与 Capilla 等[32]提出的模型一致。当模型(1.21)的制程干扰为 IMA(1,1)模型时，则制程的 MMSE 批间控制器为

$$u(k)=-\frac{(a_1+1-\theta)-a_1z^{-1}}{(1-z^{-1})(b_0+b_1z^{-1})}\left(y(k)-\tau\right) \tag{1.22}$$

制程参数 a_1、b_0、b_1 以及干扰参数 θ 都是未知的，但可由历史数据辨识，记为 $\hat{a}_1$、$\hat{b}_0$、$\hat{b}_1$ 和 $\hat{\theta}$，从而得到 qMMSE 批间控制器为

$$u(k)=-\frac{(\hat{a}_1+\omega(k))-\hat{a}_1z^{-1}}{(1-z^{-1})(\hat{b}_0+\hat{b}_1z^{-1})}\left(y(k)-\tau\right) \tag{1.23}$$

式中，$\omega(k)$ 是根据参数辨识值$(1-\hat{\theta})$设定的自适应调节参数。式(1.23)也可以写成

$$u(k)=u(k-1)-\frac{(\hat{a}_1+\omega(k))-\hat{a}_1z^{-1}}{(\hat{b}_0+\hat{b}_1z^{-1})}\left(y(k)-\tau\right) \tag{1.24}$$

当 $\hat{a}_1 = 0$、$\hat{b}_1 = 0$ 且 $\omega(k) = \omega$, $\forall k$ 时，该控制器退化为 EWMA 批间控制器：

$$u(k) = u(k-1) - \frac{\omega(k)}{\hat{b}_0}\big(y(k) - \tau\big) \tag{1.25}$$

对比式(1.25)和式(1.24)可得，EWMA 批间控制器仅采用当前批次的输入输出信息来更新下一批次的输入；而 qMMSE 批间控制器则有效利用了多个之前批次的输入输出信息。此外，ARIMA (p, d, q) 模型的制程 TF (r, s, d_u) 的通用 qMMSE 批间控制器为[25]

$$u(k) = u(k-1) - \frac{\sum_{i=1}^{r}\hat{a}_i z^{-i+1} - \sum_{l=1}^{q}\hat{\theta}_l z^{-l+1} + \left(1 + (1 - z^{-1})\sum_{m=1}^{p}\hat{\phi}_m z^{-m+1}\right)A_r(z^{-1})}{B_s(z^{-1})\phi_p(z^{-1})}\big(y(k) - \tau\big) \tag{1.26}$$

该控制器被称为 qMMSE (r, s, p, q) 批间控制器，它能充分利用输入输出的历史信息计算下一批次控制器输入。在此框架下，式(1.23)称为 qMMSE(1, 1, 0, 1)批间控制器；文献[34]所提的控制器可称为 qMMSE $(r, s, 0, 1)$ 批间控制器。制程模型阶数及干扰阶数在设计该控制器时皆是不确定的，因此，参数辨识的正确性对控制器性能有重要影响。总而言之，当阶数均估计正确时，qMMSE 批间控制器的性能最优；当阶数估计不准确时，制程模型估计阶数较高的 qMMSE 批间控制器性能更好。此外，离线数据对离线参数估计具有重要的影响，故在做参数辨识时应保证离线数据充足。

此外，将动态制程模型转变为状态空间形式，也可以采用卡尔曼滤波和扩展卡尔曼滤波[39]等算法进行状态估计，实现动态制程的批间控制[24]。

1.3 混合制程的批间控制器

在实际的生产中，由于生产需求的变化和技术的更新，会引入许多新产品，相应地许多旧产品会被淘汰，加上半导体行业较其他行业投资更高，对设备的高投入就导致其高的利用率。因此，对同一晶圆同一工序而言，上一批次和下一批次完全有可能在不同的机台上生产，这就是所谓的混合制程。关于混合制程的控制算法主要包括：线程控制算法与非线程控制算法。

1.3.1 线程批间控制算法

在半导体混合制程中，晶圆品质的变化不仅由当前制程信息决定，还会受到历史制程信息的影响。影响晶圆品质的主要因素通常包括机台和晶圆的状态。一个机台上生产相同晶圆的过程称为一个线程，如图 1.7 所示，有 3 种晶圆和 2 个机台共 6 种线程。来自同一线程的信息用于同一个控制回路，这被称作“线程控制”。为了消除不同线程之间的差异性，通常对每个线程单独设计控制器。

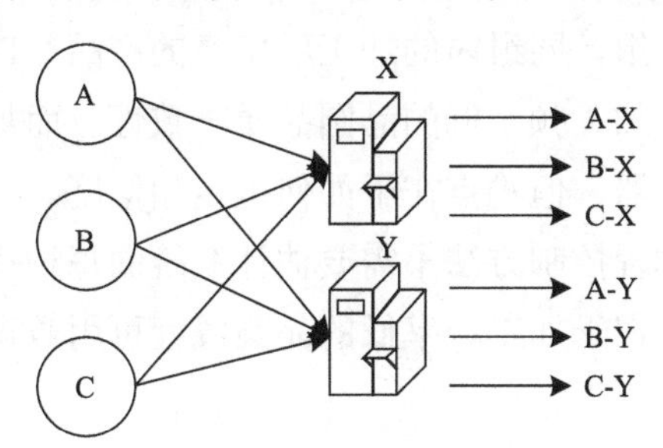

图 1.7　混合制程的线程示意图

在半导体晶圆实际生产中，线程控制具有很高的实用价值，并衍生出多种控制算法来消除制程的干扰，提高晶圆品质的一致性。但是，线程控制在高度混合制程中的缺点也非常明显。从线程的定义可以看出生产信息越多，组合得到的线程数量也越多，而在晶圆制造过程中，典型的单元操作有几百个，例如蚀刻、平版印刷、离子注入等。随着晶圆数量的增长，线程模型的数量也将迅速增长，这就导致了系统的初始状态很难确定。为了确定系统的初始状态，学者们提出了 4 种方案：①用缺省的初始状态值；②用离线实验计算初始状态值；③用测试芯片来得到初始状态；④采用结构线程初始化的方法。其中结构线程初始化的方法应用最广，它的基本思想是放宽控制线程的准则，直到有足够的信息并且可以得到系统的初始状态时为止。

在线程控制方面，Zheng 等针对单机台双产品模型，采用 sEMWA 批间控制器讨论了少量多样制程的系统稳定性，并提出了两种批间控制器：基于产品的 EWMA 批间控制和基于机台的 EWMA 批间控制[40]。Wu 等用实验方法证明了 Zheng 等提出的批间控制器的可行性[41]，Ai 等进一步丰富了该算法，并提出了基于产品的 dEWMA 批间控制器[42]。Zheng 与 Ai 的工作都是假设在同一种机台上生产两种不同的产品[43]，且在每个生产周期内，每种晶圆加工的批次数都是固定不变的，故每个周期加工晶圆的总数也是不变的。但在实际生产过程中，由于不同时间段晶圆生产商所接到的订单的种类和数量都有可能不同。针对这种情况，Ai 等进一步讨论在每个生产周期里晶圆生产的批次数可变的情况，提出了周期重置指数加权平均折扣因子算法和周期预测指数加权平均算法，来克服机台漂移对系统输出的影响[42]。此外，对于加工频率较低的晶圆，本次加工与上次加工的时间间隔很长，此时设备的状态已经发生很大的变化，控制器无法准确地估计设备当下的状态，所以对于生产频率较低的晶圆，基于线程的批间控制效果会很差。Chang 等利用自适应聚类的方法[44]，提出了 G&P-EWMA 批间控制，其基本思想是将类似的线程分为一组，同组内的加工频率高的产品可以用来更新组内批间控制器的参数，从而提升加工频率低的晶圆品质一致性，而加工频率高的产品则依旧采用自身的批间控制器，但难点在于如何确定相似度。

总而言之，基于线程控制方法不需要估计系统的每种扰动，只计算与线程相关变量的总扰动；缺点在于加工频率低的晶圆线程可用数据缺乏，相应线程总扰动估计难度大。

1.3.2　非线程批间控制算法

在非线程控制中，通常用各个信息状态的线性总和来表示制程截距，如式(1.27)和式(1.28)，用状态估计方法确认各个信息对截距变化的影响大小。

$$y(k)=\beta u(k)+c_{\text{tot}}(k) \tag{1.27}$$

$$c_{\text{tot}}(k)=\sum_i c_i(k) \tag{1.28}$$

式中，$c_{\text{tot}}(k)$ 为扰动总和，是各个生产信息的变化总和；$c_i(k)$ 表示来自第 k 批次的信息 i 的误差。

假设所有扰动互不相关，则扰动总和可描述为

$$c_{\text{tot}}=\boldsymbol{A}_0 c \tag{1.29}$$

假设在生产过程中，扰动仅与机台状态和晶圆状态有关，则 $\boldsymbol{A}_0$ 描述为

$$\boldsymbol{A}_0=\left.\begin{bmatrix} 1 & \cdots & 0 & 1 & \cdots & 0 \\ 1 & \cdots & 0 & 0 & \cdots & 1 \\ 0 & \cdots & 1 & 0 & \cdots & 1 \\ 0 & \cdots & 1 & 1 & \cdots & 0 \end{bmatrix}\right\} r \quad \begin{matrix} \underbrace{\text{tool}}_{m} & \underbrace{\text{prod}}_{n} \end{matrix} \tag{1.30}$$

式中，r 为批次总数；m 和 n 分别是机台数和晶圆数；$\boldsymbol{c}$ 为各个机台和晶圆状态的向量表达式，$\boldsymbol{c}=[t_1\cdots t_m\, p_1\cdots p_n]^{\mathrm{T}}$。最后通过求解式(1.29)，获得 $\boldsymbol{c}$ 的状态估计值。

在非线程批间控制中，常用卡尔曼滤波器估算系统的干扰项。早期关于卡尔曼滤波器的非线程控制都是在高斯-马尔可夫模型上进行的，其状态空间表达式为

$$\begin{cases} \boldsymbol{x}(k+1)=\boldsymbol{x}(k) \\ z(k)=\boldsymbol{H}(k)x(k)+v(k) \end{cases} \tag{1.31}$$

式中，$\boldsymbol{x}(k)$为观测状态向量；$z(k)$是所有观测状态总和；$\boldsymbol{H}(k)$是与观测状态相关的信息矩阵；$v(k)$为白噪声，表示测量噪声。

该模型可以在状态变量方程中增加一个白噪声$w(k)$，扩展成积分白噪声。

$$x_i(k+1)=x_i(k)+w(k) \tag{1.32}$$

这类带有积分白噪声(Kalman-IW)的模型已经应用于非线程状态估计[45]。也有学者在状态模型中加入 IMA 模型扰动，Prabhu 描述了带有 IMA 模型扰动的状态空间模型[46]，利用卡尔曼滤波器估计丢失的数据；Wang 等将卡尔曼滤波和 IMA 模型应用于非线程控制中[47]，其仿真结果表明该模型能有效改善高度混合制程模式下的输出性能，减少扰动带来的差异变化，效果优于卡尔曼滤波和积分白噪声模型。

Firth 等提出即时自适应扰动估计(just-in-time adaptive disturbance estimation，JADE)算法来确定各个信息对总扰动的影响[48]，JADE 利用最小二乘递归法同时估计各个信息的状态，随着状态估计的发展，JADE 能够准确指出受到扰动的信息。与线程控制相比，时延造成的性能衰退更小，仿真验证了该算法的优势，但 JADE 也有其自身的缺陷，其有效性依赖于对扰动模型的正确定义。在 JADE 算法中，扰动是各种信息状态共同作用的线性组合。如果对扰动起作用的重要信息没有全部被包含进扰动模型，算法就很容易受未知扰动的影响。如果扰动模型是非线性的，或者其线性形式无法应用于可操作区域，算法的性能也会下降。同样地，JADE 需要通过矩阵扩充，增加行向量来获得唯一解。Wang 等指出由于在每个批次都需要重置估计的协方差[49]，JADE 丢失了过去的稳态信息，性能也在逐步下降。但是同时这也表明平稳过程中增加前一批次估计值比重，能够改善 JADE 的性能。

Ma 等在方差分析(analysis of variance, ANOVA)基础上利用 ARIMA 模型扰动来估计每个机台扰动项的参数[50]，估计出每种产品之间的差异。若需要生产某产品时，可以由估计参数得知此产品的特性与当时机台的生产状态，从而计算出所需的控制参数和控制操作。实验证明，该算法通过引入动态项，达到了良好的控制效果。然而随着产品种类的增加，在线参数估计就会变得很复杂，若此时制程中存在很多加工频率低的产品，这些产品的参数估计会因为生产频率过低而导致参数估计不准，或是控制器因为参数更新次数太少而无法反映出当时的状态。

与卡尔曼滤波器类似，Wang 提出用最小二乘递归法估计非线程批间控制下的状态值[51]，并且与 EWMA 滤波器和最小二乘估计法比较，分析了测量时延、测量噪声和确定性漂移等参数对系统造成的不良影响。

总而言之，非线程控制模式的优点在于实现了各批次观测状态信息共享，避免了数据匮乏，可以获得比线程控制更好的状态估计。

1.4 主要内容

本书的主要研究内容包括以下几个方面：

(1) 分析了半导体晶圆混合制程下线程控制和非线程控制两种模式。在线程控制模式中，根据线程的定义分析了 Tb-EWMA 和 Pb-EWMA 的两种批间控制器及其相应的稳定性。在非线程模式中，分析了基于递归最小二乘法的 JADE 状态估计算法和基于卡尔曼滤波的 ANOVA 状态估计算法。

(2) 面向半导体晶圆混合加工制程，提出了一种 G&P-EWMA 批间控制器。该方法以自适应 k-均值为工具，将具有相似特征的产品聚类，以增加低频产品 Pb-EWMA 滤波器参数的更新频率，对于高频产品则仍采用自身的 Pb-EWMA 批间控制器。此外，在证明 Pb-EWMA 与 G-EWMA 为纯积分控制器的基础上，基于滚动时间窗口数据，利用牛顿迭代法，获取 G&P-EWMA 最优的折扣因子。

(3) 针对半导体生产多品种小批量的生产方式，在小样本条件下提出了基于贝叶斯估计的非线程控制方法。该方法首先构建混合制程的 ANOVA 模型，并利用 IMA(1,1) 模型和相邻批次的输出残差的差值，进行矩阵变换，增加假设条件，利用贝叶斯估计法，进行状态矩阵的更新计算，有效避免了由于矩阵缺秩无法求逆的数学问题。

(4) 针对漂移、跳变、模型不匹配和日益复杂的随机干扰，提出了一种基于扩张状态观测器的批间控制器。该算法将半导体晶圆制程中的外部干扰和模型失配等视为总干扰，设计离散形式的 LESO 进行估计，并设计相应的 LESO-RtR 控制器。详细分析了 LESO-RtR 控制器的稳定域、干扰抑制能力，及其与 EWMA、dEWMA 批间控制器的联系。此外，考虑混合制程中干扰更加复杂的情况，提出了基于线程的 NLESO-RtR 控制器，并分析其稳定条件。

(5) 考虑半导体晶圆加工过程中普遍存在的测量时延问题，采用 Jury 判据和 LMI 工具讨论固定测量时延和时变测量时延情况下 EWMA 批间控制器参数与系统模型不确定度之间的关系。在此基础上，提出一种含时变随机测量时延的批间控制器设计方法。采用 EM 算法估计测量时延的概率，构建包含测量时延概率的 EWMA 扰动估计表达式，再分析系统补偿静差。

(6)考虑批间控制器性能随时间推移而衰退的现象，从典型干扰下 EWMA 批间控制器的性能分析出发，指出了系统输出的最优性能计算方式。结合 ARMAX 模型参数估计和贝叶斯后验概率计算，提出了半导体晶圆制程的性能评估方法，实时监控制程是否运行于最优状态。多种干扰情况下的仿真表明了所提出的性能指标的有效性。此外，根据测量时延系统性质，结合贝叶斯性能评估方法，跟踪测量时延的变化，通过 dEWMA 批间控制器的协同设计，及时补偿输出，提高制程晶圆的良率。

参考文献

[1] 徐海霞. 国家大基金对集成电路企业创新投入的影响研究——基于融资约束视角的实证分析[D]. 上海: 上海师范大学, 2021.

[2] 黎振. 集成电路单晶硅片多线切割加工机理及等线损工艺研究[D]. 大连: 大连理工大学, 2019.

[3] 谭斐. 基于状态估计的批间控制器设计与性能评估[D]. 镇江: 江苏大学, 2019.

[4] 王海燕. 半导体元件制程的抗扰批间控制方法研究[D]. 镇江: 江苏大学, 2021.

[5] 卢静宜, 曹志兴, 高福荣. 批次过程控制——回顾与展望[J]. 自动化学报, 2017, 43(6): 933-943.

[6] Tan F, Pan T, Li Z, et al. Survey on run-to-run control algorithms in high-mix semiconductor manufacturing processes[J]. IEEE Transactions on Industrial Informatics, 2015, 11(6): 1435-1444.

[7] Liu K, Chen Y, Zhang T, et al. A survey of run-to-run control for batch processes[J]. ISA Transactions, 2018, 83: 107-125.

[8] Moyne J, Castillo E, Hurwitz A. Run-to-run control in semiconductor manufacturing[M]. Boca Raton, CRC Press, 2001.

[9] Sachs E, Ingolfsson A, Hu A. Run by run process control: combining SPC and feedback control[J]. IEEE Transactions on Semiconductor Manufacturing, 1995, 8(1): 26-43.

[10] Roberts S W. Control chart tests based on geometric moving averages[J]. Technometrics, 1959, 1: 239-250.

[11] Good R, Qin S J. On the stability of MIMO EWMA run to run controllers with metrology delay[J]. IEEE Transactions on Semiconductor Manufacturing, 2006, 19(1): 78-86.

[12] Ai B, Zheng Y, Wang Y, et al. Cycle forecasting EWMA (CF-EWMA) approach for drift and fault in mixed-product run-to-run process[J]. Journal of Process Control, 2010, 20(5): 689-708.

[13] Hwang S H, Lin J C, Wang H C. Robustness diagrams based optimal design of run-to-run control subject to deterministic and stochastic disturbances[J]. Journal of Process Control, 2018,

63: 47-64.

[14] Chen A, Guo R. Age-based double EWMA controller and its application to a CMP process[J]. IEEE Transactions on Semiconductor Manufacturing, 2000, 14(1): 11-19.

[15] Del Castillo E. Some properties of EWMA feedback quality adjustment schemes for drifting disturbances[J]. Journal of Quality Technology, 2001, 33(2): 153-166.

[16] Chen C, Chuang Y. An intelligent run-to-run control strategy for chemical-mechanical polishing processes[J]. IEEE Transactions on Semiconductor Manufacturing, 2010, 23(1): 109-120.

[17] Lee A C, Pan Y R, Hsieh M T. Output disturbance observer structure applied to run-to-run control for semiconductor manufacturing[J]. IEEE Transactions on Semiconductor Manufacturing, 2011, 24(1): 27-43.

[18] Adivikolanu S, Zafiriou E. Extensions and performance/robustness tradeoffs of the EWMA run-to-run controller by using the internal model control structure[J]. IEEE Transactions on Electronics Packaging Manufacturing, 2000, 23(1): 56-68.

[19] Wang H, Pan T, Wong S, et al. An extended state observer-based run to run control for semiconductor manufacturing processes[J]. IEEE Transactions on Semiconductor Manufacturing, 2019, 32(2): 154-162.

[20] Wang H, Pan T, Ding S, et al. Design of a run-to-run controller based on discrete sliding-mode observer[J]. Asian Journal of Control, 2021, 23(2): 908-919.

[21] Kuo T W, Lee A C. Assessing measurement noise effect in run-to-run process control: extends ewma controller by Kalman filter[J]. International Journal of Automation and Smart Technology, 2011, 1(1): 67-76.

[22] Kim H, Park J H, Lee K S. A Kalman filter-based R2R control system with parallel stochastic disturbance models for semiconductor manufacturing processes[J]. Journal of Process Control, 2014, 24(12): 119-124.

[23] Xu Z, Hu C, Hu J. Kalman filtering-based supervisory run-to-run control method for semiconductor diffusion processes[J]. Science China Information Sciences, 2019, 62(8): 1-3.

[24] Wang Y, Zheng Y, Fang H, et al. ARMAX model based run-to-run fault diagnosis approach for batch manufacturing process with metrology delay[J]. International Journal of Production Research, 2014, 52(10): 2915-2930.

[25] Tseng S T, Tsung F, Wu J H. Stability conditions and robustness analysis of a general MMSE run-to-run controller[J]. IISE Transactions, 2019, 51(11): 1279-1287.

[26] Tseng S T, Yeh A B, Tsung F, et al. A study of variable EWMA controller[J]. IEEE Transactions on Semiconductor Manufacturing, 2003, 16(4): 633-643.

[27] Ingolfsson S. Stability and sensitivity of an EWMA controller[J]. Journal of Quality Technology, 1993, 25(4): 271-287.

[28] Del Castillo E. Long run and transient analysis of a double EWMA feedback controller[J]. IIE Transactions(Institute of Industrial Engineers), 1999, 31(12): 1157-1169.

[29] Fan S K S, Jiang B C, Jen C H, et al. SISO run-to-run feedback controller using triple EWMA

smoothing for semiconductor manufacturing processes[J]. International Journal of Production Research, 2002, 40(13): 3093-3120.

[30] Capilla C, Ferrer A, Romero R, et al. Integration of statistical and engineering process control in a continuous polymerization process[J]. Technometrics, 1999, 41: 14-28.

[31] Jen C H, Jiang B C. Combining on-line experiment and process control methods for changes in a dynamic model[J]. International Journal of Production Research, 2008, 46(13): 3665-3682.

[32] Tseng S T, Mi H C. Quasi-minimum mean square error run-to-run controller for dynamic models[J]. IIE Transactions (Institute of Industrial Engineers), 2014, 46(2): 185-196.

[33] Tseng S T, Chen P Y. A generalized quasi-MMSE controller for run-to-run dynamic models[J]. Technometrics, 2017, 59(3): 381-390.

[34] Tseng S T, Lin C H. Stability analysis of single EWMA controller under dynamic models[J]. IIE Transactions (Institute of Industrial Engineers), 2009, 41(7): 654-663.

[35] Tsung F, Wu H, Nair V N. On the efficiency and robustness of discrete proportional-integral control schemes[J]. Technometrics, 1998, 40(3): 214-222.

[36] Tseng S T, Mi H C, Lee I C. A multivariate EWMA controller for linear dynamic processes[J]. Technometrics, 2016, 58(1): 104-115.

[37] Gong Q, Yang G, Pan C, et al. Performance analysis of double EWMA controller under dynamic models with drift[J]. IEEE Transactions on Components, Packaging and Manufacturing Technology, 2017, 7(5): 806-814.

[38] Fan S K S, Fan C, Kung P, et al. Development of run-to-run (R2R) controller for the multiple-input multiple-output (MIMO) system using fuzzy control theories[J]. International Journal of Production Research, 2007, 45(14): 3215-3243.

[39] Chen J H, Kuo T W, Lee A C. Run-by-run process control of metal sputter deposition: Combining time series and extended Kalman filter[J]. IEEE Transactions on Semiconductor Manufacturing, 2007, 20(3): 278-285.

[40] Zheng Y, Lin Q H, Wong D S H, et al. Stability and performance analysis of mixed product run-to-run control[J]. Journal of Process Control, 2006, 16(5): 431-443.

[41] Wu M F, Lin W K, Ho C L, et al. A feed-forward/feedback run-to-run control of a mixed product process: simulation and experimental studies[J]. Industrial and Engineering Chemistry Research, 2007, 46: 6963-6970.

[42] Ai B, Zheng Y, Jang S S, et al. The optimal drift-compensatory and fault tolerant approach for mixed-product run-to-run control[J]. Journal of Process Control, 2009, 19: 1401-1412.

[43] Zheng Y, Ai B, Wang Y W, et al. The dEWMA fault tolerant approach for mixed product run-to-run control[C]//Proceedings of the IEEE International Symposium on Industrial Electronics, 2009.

[44] Chang C C, Pan T, Wong D W H, et al. An adaptive-tuning scheme for G&P EWMA run-to-run control[J]. IEEE Transactions on Semiconductor Manufacturing, 2012, 25(2): 230-237.

[45] Bode C A, Wang J, He Q P, et al. Run-to-run control and state estimation in high-mix

semiconductor manufacturing[J]. Annual Reviews in Control, 2007, 31(2):241-253.

[46] Prabhu A V, Edgar T F. A new state estimation method for high-mix semiconductor manufacturing processes[J]. Journal of Process Control, 2009, 19(7):1149-1161.

[47] Wang J, He Q P, Edgar T F. State estimation for in integrated moving average processes in high-mix semiconductor manufacturing[J]. Industrial & Engineering Chemistry Research, 2014, 53: 5194-5204.

[48] Firth S K, Campbell W J, Toprac A, et al. Just-in-time adaptive disturbance estimation for run-to-run control of semiconductor processes[J]. IEEE Transactions on Semiconductor Manufacturing, 2006, 19(3):298-315.

[49] Wang J, He Q P, Qin S J, et al. Recursive least squares estimation for run-to-run control with metrology delay and its application to STI etch process[J]. IEEE Transactions on Semiconductor Manufacturing, 2005, 18(2): 309-319.

[50] Ma M, Chang C C, Wong D S H, et al. Identification of tool and product effects in a mixed product and parallel tool environment[J]. Journal of Process Control, 2009, 19: 591-603.

[51] Wang J, He Q P, Edgar T F. State estimation in high-mix semiconductor manufacturing[J]. Journal of Process Control, 2009, 19(3):443-456.

第 2 章　混合制程的批间控制

2.1　引　　言

在半导体晶圆制造中，由于生产需求的变化和技术的更新，新产品不断被引入，相应地旧产品被淘汰。此外，一台机器上往往会生产多种规格不一的产品，并且不同规格产品的生产次序也无固定规律，这种生产模式称之为混合制程。

由于半导体晶圆生产过程是由一系列精确工艺组成，各工序之间环环相扣，相互影响，Bode 等提出了基于线程 EWMA（thread-based EWMA, t-EWMA）的批间控制方法[1]。该方法将同一线程内的所有扰动视作一个整体，不需要估计出每个扰动的值，这使得线程的状态估计更加简便[2]。但随着半导体晶圆生产日益复杂，晶圆生产呈现量少但规格种类多的特点，导致线程数量急剧增加，一旦出现新的扰动，每条线程获得的生产信息相对较少，互相之间信息又无法共享，使得系统的抗扰性能变差。而非线程 EWMA（non thread-based EWMA）的批间控制可以实现不同生产工序之间的信息共享，对总扰动进行解耦，克服线程控制算法不足。例如，在蚀刻过程中，产品的差异来自机台、层面或校正等工序。假设这些扰动相互独立，定义一个信息矩阵来描述这些工序的扰动信息，利用线性递归算法或卡尔曼滤波等方法来确定不同的扰动在某一次控制过程中所占的比重，从而实现扰动估计，提升混合制程的产品品质一致性。

2.2　混合制程的线程控制模式

图 2.1 描述了某一混合制程下的生产过程，P2L1T2S2 是其中的一条线程。产品 2（product 2）通过层面 1（layer 1）、机台 2（tool 2）以及步进器 2（stepper 2）这三个工序生产之后得到客户最终所需产品[3]。假设该过程可由一个线性模型表示，则过程的总扰动为产品 2、层面 1、机台 2 和步进器 2 这四个状态值之和，即

$$y(k)=\beta u(k-1)+c_{\text{Prod2}}(k-1)+c_{\text{Lay1}}(k-1)+c_{\text{Tool2}}(k-1)+c_{\text{Step2}}(k-1) \tag{2.1}$$

式中，$y(k)$ 是线程 P2L1T2S2 的输出值；$u(k-1)$ 是控制输入；β 是线程增益；$c_{\text{Prod2}}(k-1)$、$c_{\text{Lay1}}(k-1)$、$c_{\text{Tool2}}(k-1)$ 与 $c_{\text{Step2}}(k-1)$ 是上述各个工序的状态值。

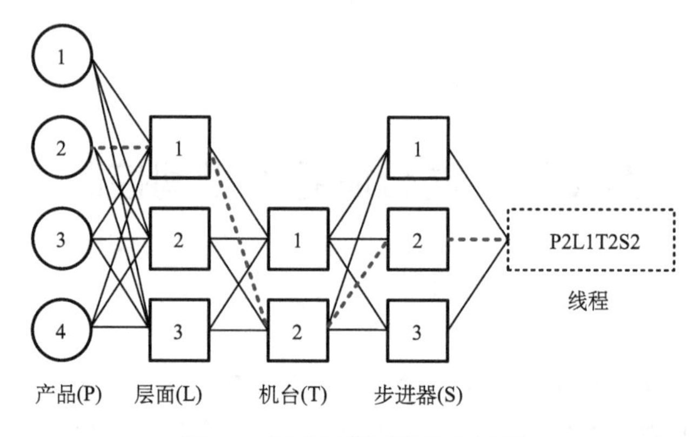

图 2.1　混合制程下的生产过程

Zheng 等[4]提出了两种批间控制器：基于机台的批间控制(tool-based EWMA，Tb-EWMA)和基于产品的批间控制(product-based EWMA，Pb-EWMA)。为了方便讨论，假设在单一机台上生产#1 产品和#2 产品，产品排列规律，且每个生产周期内每种产品生产的批次数固定不变，即每个生产周期待生产的产品总数不变，如图 2.2 所示。

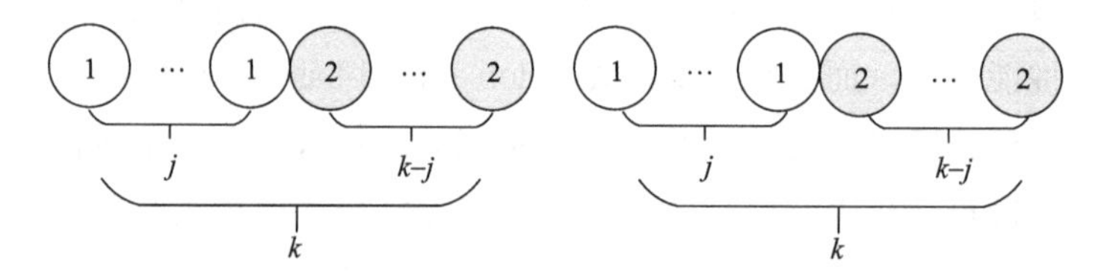

图 2.2　单一机台#1 产品和#2 产品生产模式

设一个完整的生产周期包含 k 个批次，其中#1 产品加工 j 个批次，#2 产品加工 $(k-j)$ 个批次；且这两种产品的输入-输出关系均为线性关系，#1 产品与#2 产品的截距和斜率分别为 α_1、β_1，α_2、β_2；机台扰动为 η，则该制程可描述为

$$y(kt+n)=\begin{cases}\alpha_1+\beta_1 u(kt+n)+\eta(kt+n), & 1\leqslant n\leqslant j\\ \alpha_2+\beta_2 u(kt+n)+\eta(kt+n), & j+1\leqslant n\leqslant k\end{cases} \tag{2.2}$$

式中，t 是生产周期的循环次数；$y(kt+n)$ $(n=1,2,\cdots,j)$ 和 $y(kt+n)$ $(n=j+1,j+2,\cdots,k)$ 分别为#1 产品和#2 产品在第 $(kt+n)$ 批次时的输出；$u(kt+n)$ $(n=1,2,\cdots,k)$ 为第 $(kt+n)$ 批次的控制输入。以带漂移的 IMA(1,1)时间序列描述机台老化带来的扰动：

$$\eta(k)-\eta(k-1)=\varepsilon(k)-\theta\varepsilon(k-1)+\delta \tag{2.3}$$

式中，$\varepsilon \sim N\left(0,\sigma^2\right)$为符合高斯分布的随机扰动；$\delta$为确定性偏差。

在 Tb-EWMA 算法中，如图 2.3(a)所示，利用不同规格产品的加工信息来估计扰动$\hat{\eta}(kt+n), n=1,2,\cdots,k$：

$$\hat{\eta}(kt+n)=\begin{cases} y(kt+n)-\left(a_1+b_1u(kt+n)\right), & 1\leqslant n\leqslant j \\ y(kt+n)-\left(a_2+b_2u(kt+n)\right), & j+1\leqslant n\leqslant k \end{cases} \tag{2.4}$$

式中，a_1、b_1、a_2和b_2为模型参数。

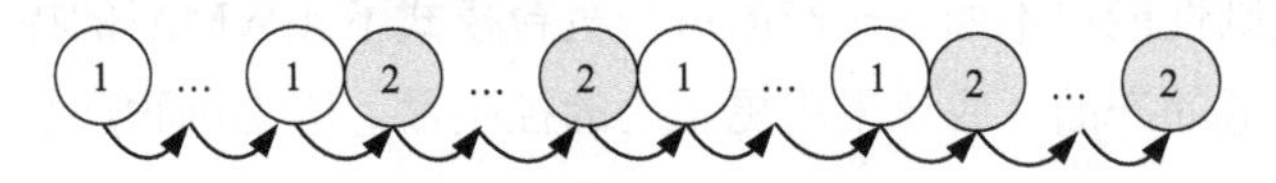

(a) Tb-EWMA控制算法示意图

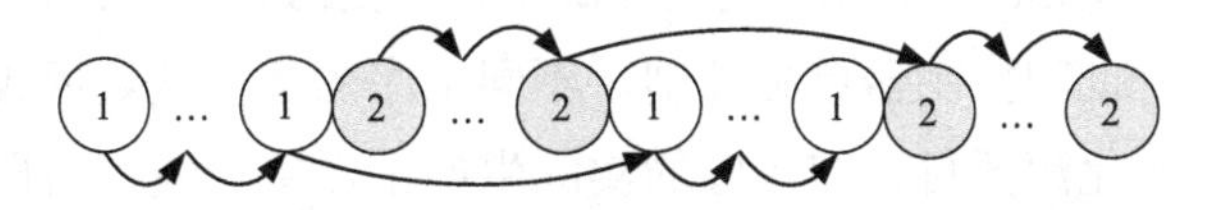

(b) Pb-EWMA控制算法示意图

图 2.3　单机台-2 产品的 EWMA 控制算法示意图

通过 EWMA 滤波算法可得

$$\tilde{\eta}(kt+n)=\lambda\hat{\eta}(kt+n)+(1-\lambda)\tilde{\eta}(kt+n) \tag{2.5}$$

式中，$\lambda\,(0\leqslant\lambda\leqslant1)$为 EWMA 算法的折扣因子。

假设系统目标为τ，则控制输入为

$$u(kt+n)=\begin{cases} \left(\tau-a_1-\hat{\eta}(kt+n-1)\right)/b_1, & 1\leqslant n\leqslant j \\ \left(\tau-a_2-\hat{\eta}(kt+n-1)\right)/b_2, & j+1\leqslant n\leqslant k \end{cases} \tag{2.6}$$

而在 Pb-EWMA 算法中，如图 2.3(b)所示，$\tilde{\eta}(kt+n)$需要考虑上一个周期中同规格产品的最后一个批次的加工信息。以#1 产品为例，$\tilde{\eta}(kt+n)$的表达式为

$$\tilde{\eta}(kt+n)=\begin{cases} \lambda\left(y(kt+1)-a_1-b_1u(kt+1)\right)+(1-\lambda)\hat{\eta}_{k(t-1)+j}\left(k(t-1)+j\right), & n=1 \\ \lambda\left(y(kt+n)-a_1-b_1u(kt+n)\right)+(1-\lambda)\hat{\eta}_{kt+n-1}(kt+n-1), & n=2,\cdots,j \end{cases} \tag{2.7}$$

则#1 产品的批间控制器输入为

$$u(kt+n)=\begin{cases} \left(\tau-a_1-\tilde{\eta}\left((k-1)t+j\right)\right)/b_1, & n=1 \\ \left(\tau-a_1-\tilde{\eta}(kt+n-1)\right)/b_1, & n=2,\cdots,j \end{cases} \tag{2.8}$$

此时，#1 产品生产信息与#2 产品无关，即与批次 $kt+n(j+1\leqslant n\leqslant k)$ 的产品数据相互独立。

文献[4]同时分析了 Tb-EWMA 和 Pb-EWMA 控制算法的稳定性，指出：

(1)若混合制程中，存在非稳态扰动(例如带确定性漂移的 IMA(1,1)扰动模型)，即 $\delta\neq 0$，则采用 Tb-EWMA 算法的系统将不稳定；当不同产品的模型不匹配系数(β_n/b_n)不相等时，采用 Tb-EWMA 算法的系统也是不稳定的。

(2)采用 Pb-EWMA 算法的控制过程尽管是稳定的，但当系统存在显著漂移扰动时，其控制性能也不如单一产品单一机台模式下 EWMA 的控制性能。而对于生产频率较低的产品，应该采用更主动的控制器，因为同种产品批次间的漂移扰动会比较大。

如图 2.1 所示，在混合制程的线程控制中，历史信息被分解到不同的线程中，每条线程都由一个批间控制器单独控制，不同工序的扰动被处理成一个整体，这样可以显著减少变化源数目。在晶圆的实际生产中，单一线程的批间控制具有很高的实用价值，并衍生出多种算法来抑制制程干扰，提高产品品质一致性。但是，线程控制在高度混合生产模式下的缺点也非常明显。在晶圆生产过程中，典型的单元操作有几百个，例如，蚀刻、平版印刷、气相沉积等。从线程的定义可以看出，生产信息越多，线程组合也就越多。随着产品数量的增长，线程的数量也将迅速增长。线程模型的维持和参数估计将更加困难。线程定义的准则也会导致单个线程的参数或状态估计可用的数据较少。产品品质与前一批次相关，而在前一批次中又会包含不同的线程。因此，线程控制中滤波器的估计性能会下降，这一现象也被称作“数据贫瘠”[5]，文献[4]的性能评估结果也验证了这个结论。

与此同时，同一条线程中相邻批次如果存在较长的时间间隔，也有可能造成线程控制性能下降，特别是一些生产频率较低的产品，与前一批次相比，下一批次出现该线程的间隔时间会更长。长时间的时延会造成信息的丢失，例如，在时延期间发生显著漂移、跳变，这些扰动无法被及时记录跟踪到。因此，混合制程的线程 EWMA 估计结果就会变得不可信，无法进入控制性能监测的可信统计结果范围。Miller 描述了线程控制的这些问题，指出线程间的信息共享变得更迫切[5]。因此，基于状态估计的非线程控制受到了学术界和工业界广泛关注。

2.3　混合制程的非线程控制模式

在非线程控制模式下，制程的总扰动不再被视作一个整体，而是根据生产过程中的线程信息，被解耦成诸如机台、产品、层面、步进器等单个扰动的总和[2]。依据扰动的来源，构建状态观测矩阵，通过不同的算法更新观测矩阵，估算出当前批次的系统扰动，提升批间控制器的性能。

在1.3.2节中，描述了在混合制程下m个机台数、n种产品数，进行r批次生产的非线程模式，构建了状态观测矩阵$\boldsymbol{A}_0$：

$$\boldsymbol{A}_0=\left.\begin{bmatrix}1 & \cdots & 0 & 1 & \cdots & 0\\ 1 & \cdots & 0 & 0 & \cdots & 1\\ 0 & \cdots & 1 & 0 & \cdots & 1\\ 0 & \cdots & 1 & 1 & \cdots & 0\end{bmatrix}\right\}r \qquad \underbrace{\text{tool}}_{m}\quad \underbrace{\text{prod}}_{n} \tag{2.9}$$

利用最小二乘法计算得到扰动$\hat{c}(k)=(\boldsymbol{A}_0^{\mathrm{T}}\boldsymbol{A}_0)^{-1}\boldsymbol{A}_0^{\mathrm{T}}c_{\mathrm{tot}}$。但是求解过程中存在一个重要问题：状态观测矩阵$\boldsymbol{A}_0$有可能缺秩，即无法获得当前批次扰动$\hat{c}(k)$的唯一解。为了解决这一问题，学者们做了很多研究。

Pasadyn和Edgar提出在系统中加入测试晶圆的合格实验数据来使系统可观测，再利用卡尔曼滤波来进行状态估计[6]。例如，在光刻过程中，在初始状态下，可以在机台的特定标准批次运行“关键晶圆”获得各个机台的初始扰动。另一种解决可观性的方法是：充分利用信息之间的相关性，增加有效的限制条件来减少估计过程中的自由度[7]。当$\boldsymbol{A}_0$满足可观性条件后，还需考虑在实际生产过程中系统采集和存储数据的能力，因为保存所有需要的数据来构建方程是不合适的，这会严重影响构建矩阵、求解逆矩阵的速度。而简单地删除旧批次的相关行数据，补充新批次的行数据，也无法保证可以获得$\boldsymbol{A}_0^{\mathrm{T}}\boldsymbol{A}_0$的逆矩阵。

Firth等提出JADE算法[7]。该算法既不要求必须使用“关键晶圆”，也不对生产信息之间的相关性有特别要求，它利用单位矩阵来扩充观测矩阵，增加线性独立行向量，使得观测矩阵符合满秩条件，然后利用加权最小二乘法辨识系统参数，确认各生产信息对偏差的贡献度。

Ma等提出了基于方差分析(analysis of variance，ANOVA)思想的状态估计方法[8]。该方法可以确认出不同扰动的偏差，在半导体晶圆生产中应用很多，例如，质量控制图的建立[9]、反馈变量的选择[10]。Ma 等构建系统状态模型，利用卡尔曼滤波器估计出每个产品相对于所有产品平均值的差值，以及每个机台相对于所有机台平均值的差值，通过增加约束条件来解决观测矩阵不可观的问题[8]。

Wang 等引入了基于高斯-马尔可夫模型的最佳线性无偏估计(best linear unbiased estimate, BLUE)框架[11]，分别讨论了在此框架下卡尔曼滤波、递归最小二乘法和 JADE 算法的统一模型。在 BLUE 框架下，Wang 等又提出了基于增强的贝叶斯自适应的卡尔曼滤波和最小二乘法，用以解决实际生产过程中的非平稳干扰[12]。

2.4　基于 JADE 的批间控制器设计

2.4.1　基于 JADE 的状态观测器

JADE 算法是将系统的总扰动解耦成不同信息项，在一个滑动窗口内，利用单位矩阵对观测矩阵进行扩充，使得观测矩阵满秩，解决了矩阵求逆和系统不可观的问题，同时利用加权矩阵 $\boldsymbol{Q}$ 的权值，确定当前批次与历史批次测量值对估计值的贡献度，采用加权最小二乘算法自适应估计出每个信息项，获得各个状态参数[7]。

首先建立过程模型，设混合制程有 m 个机台与 n 种产品，进行 r 批次生产：

$$\hat{y}(k)=bu(k)+c_{\text{tot}}(k) \tag{2.10}$$

式中，扰动量 $c_{\text{tot}}(k)$ 为所有生产信息状态值总和。

$$c_{\text{tot}}(k)=\sum_{i}^{m+n}c_i(k) \tag{2.11}$$

式中，$c_i(k)$ 表示第 k 批次信息 i 的扰动。

JADE 算法的目标是使系统输出与目标值 τ 尽可能保持一致，则控制器输入为

$$u(k)=\frac{\tau-\hat{c}_{\text{tot}}(k)}{b} \tag{2.12}$$

式中，$\hat{c}_{\text{tot}}(k)$ 为估计的总扰动

$$\hat{c}_{\text{tot}}(k)=\sum_{i}^{m+n}\hat{c}_i(k) \tag{2.13}$$

构建方程：

$$\boldsymbol{A}_0\hat{c}(k)=c_{\text{tot}}(k)=y(k)-bu(k) \tag{2.14}$$

为了解决观测矩阵 $\boldsymbol{A}_0$ 的不可观问题，在高斯-马尔可夫空间模型基础上扩充矩阵：

$$\begin{bmatrix} c_{\text{tot}} \\ \hat{c}(k) \end{bmatrix} = \begin{bmatrix} \boldsymbol{A}_0 \\ I \end{bmatrix} \hat{c}(k+1) \tag{2.15}$$

设定权重矩阵 $\boldsymbol{Q}$ [7]为

$$\boldsymbol{Q} = \begin{bmatrix} \boldsymbol{Q}_1 & \boldsymbol{Q}_2 \\ \boldsymbol{Q}_3 & \boldsymbol{Q}_4 \end{bmatrix} \tag{2.16}$$

式中，

$$\boldsymbol{Q}_1 = \begin{bmatrix} \lambda & 0 & \cdots & 0 \\ 0 & \lambda & \cdots & 0 \\ \vdots & \vdots & & \vdots \\ 0 & \cdots & 0 & \lambda \end{bmatrix} \tag{2.17}$$

$$\boldsymbol{Q}_2 = \boldsymbol{Q}_3 = 0 \tag{2.18}$$

$$\boldsymbol{Q}_4 = \begin{bmatrix} \alpha_1(1-\lambda) & 0 & \cdots & 0 & 0 \\ 0 & \alpha_2(1-\lambda) & \cdots & 0 & 0 \\ \vdots & \vdots & & \vdots & \vdots \\ 0 & 0 & \cdots & \alpha_{n-1}(1-\lambda) & 0 \\ 0 & 0 & \cdots & 0 & \alpha_n(1-\lambda) \end{bmatrix} \tag{2.19}$$

最小化目标函数：

$$J = \frac{1}{2}\left(\begin{bmatrix} c_{\text{tot}} \\ \hat{c}(k) \end{bmatrix} - \begin{bmatrix} \boldsymbol{A}_0 \\ I \end{bmatrix} \hat{c}(k+1)\right)^{\text{T}} \boldsymbol{Q} \left(\begin{bmatrix} c_{\text{tot}} \\ \hat{c}(k) \end{bmatrix} - \begin{bmatrix} \boldsymbol{A}_0 \\ I \end{bmatrix} \hat{c}(k+1)\right) \tag{2.20}$$

得最小二乘解：

$$\begin{aligned} \hat{c}(k+1) &= \left(\begin{bmatrix} \boldsymbol{A}_0 \\ I \end{bmatrix}^{\text{T}} \boldsymbol{Q} \begin{bmatrix} \boldsymbol{A}_0 \\ I \end{bmatrix}\right)^{-1} \left(\begin{bmatrix} \boldsymbol{A}_0 \\ I \end{bmatrix}^{\text{T}} \boldsymbol{Q} \begin{bmatrix} c_{\text{tot}} \\ \hat{c}(k) \end{bmatrix}\right) \\ &= \hat{c}(k) + \boldsymbol{Q}_4^{-1} \boldsymbol{A}_0^{\text{T}} \left(\boldsymbol{Q}_1^{-1} + \boldsymbol{A}_0 \boldsymbol{Q}_4^{-1} \boldsymbol{A}_0^{\text{T}}\right)^{-1} \left(c_{\text{tot}} - \boldsymbol{A}_0 \hat{c}(k)\right) \end{aligned} \tag{2.21}$$

设 $P = \boldsymbol{Q}_4^{-1}$，$R = \boldsymbol{Q}_1^{-1}$，与最小二乘法相比，在 JADE 算法中，$P$ 值在每批次的更新中，都会被重置成 $\boldsymbol{Q}_4^{-1}$，这样能够有效避免 P 值的迭代缩水，但这种操作也会使 P 值失去与残差相关的信息[11]。因此，JADE 算法会对测量噪声比较敏感。这一点可以通过增加窗宽或调节权重比、增加历史数据量来抵消上述不利因素的影响。

文献[7]通过仿真和实验证明了当系统存在跳变扰动或漂移扰动时，JADE算法优于线程 EWMA 控制方法。但是，同时存在跳变扰动与时延的情况下，两者的均方误差和(sum of squared errors, SSE)几乎以相同的速率随时延的增加而增加；而同时存在漂移扰动与时延的条件下，JADE 算法的性能衰退程度要略小于 EWMA 方法。当存在模型不匹配，如果模型增益小于过程增益(即 $b<\beta$)时，基于 JADE 和 EWMA 的系统都出现了不稳定性；反之，当 $b>\beta$ 时，则会低估过程输出响应，导致控制器无法充分补偿过程中出现的扰动变化。研究表明，在基于 JADE 建立的线性模型中，如果没有包含所有重要的扰动信息项，那么模型将无法识别未知的扰动，对其进行抵消补偿；类似地，如果存在无法用线性模型正确描述的非线性扰动，系统的性能同样会随着批次数的增加而衰退[7]。

2.4.2　算例分析

本节以两个机台(T1, T2)和四种晶圆(P1, P2, P3, P4)为例进行仿真验证，考虑不同扰动形式对 JADE 算法性能的影响。

机台与晶圆的生产频率分别为[0.5,0.5]与[0.1,0.3,0.3,0.3]。假设机台的初始截距项为 $\left[a_1^t, a_2^t\right]=[3,5]$，产品的初始截距值 $\left[a_1^p, a_2^p, a_3^p, a_4^p\right]=[2,4,6,8]$，系统目标值 $\tau=0$，制程的增益 $\beta=b=1$（即：无模型不匹配)，折扣因子 $\lambda=0.5$；生产总批次 N=500；制程噪声用 IMA(1,1)模型描述，参数为 $\sigma^2=0.04$，$\theta=0.4$。在仿真中，用跳变扰动和漂移扰动来模拟实际生产过程中机台老化、预防性维护等状况，且无时延。

1. *机台跳变扰动*

跳变扰动广泛存在于半导体晶圆生产中，如：机台预防性维护、清洗后的沟槽深度等[13]。批间控制器需及时捕获到这种扰动，并给予补偿。仿真中，在第 100 批次时，给机台 T1 加入了一个幅值为 5 的跳变扰动。

图 2.4 中虚线为真实值，实线为估计值。从图中可以看出，在第 100 批次，机台 T1 状态有一个明显的抬升，机台 T2 有一个反向的变化，但不明显。产品 P1～P4 在第 100 批次时均有不同程度的正向跳变。

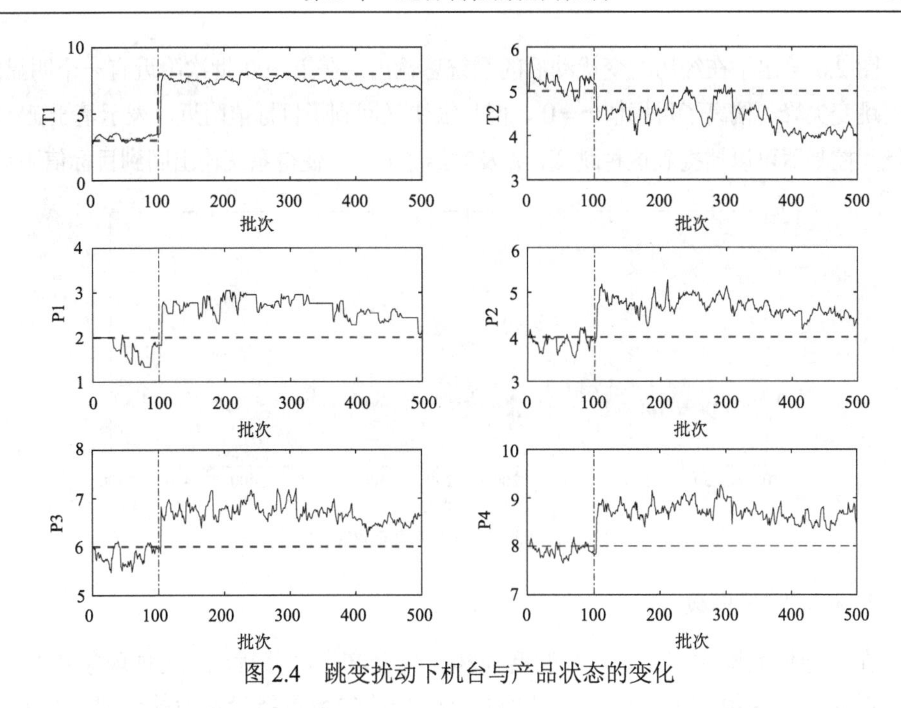

图 2.4　跳变扰动下机台与产品状态的变化

由图 2.5 可知，所有含有机台 T1 的线程都经历了一次突然的跳变，而含有机台 T2 的线程却基本保持不变。因此，根据机台和产品的变化，可以判断，跟踪到机台的变化。

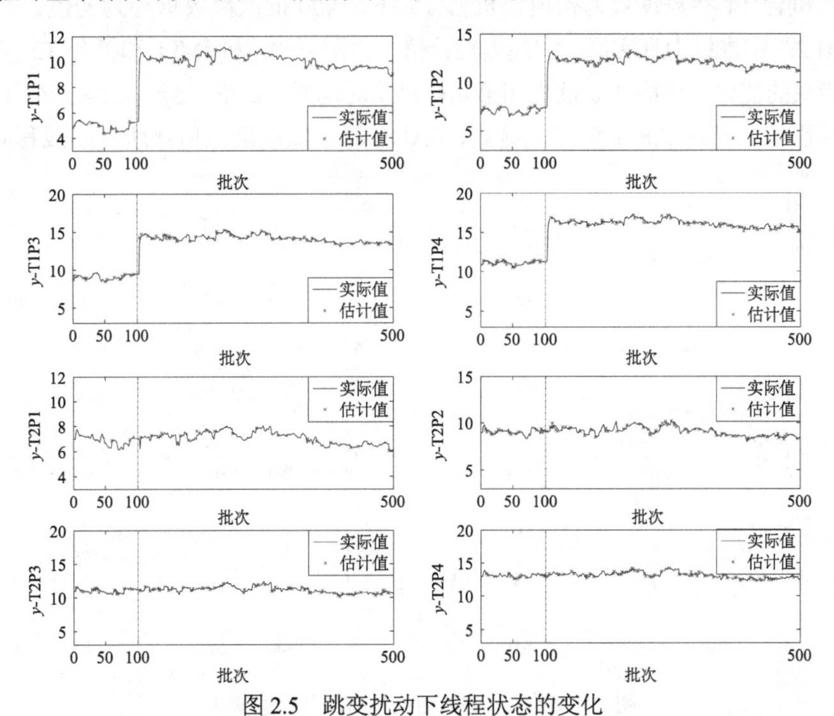

图 2.5　跳变扰动下线程状态的变化

图 2.6 给出了在经历跳变扰动后的系统总输出，在第 100 批次附近有一个明显的输出跳变尖峰，偏离了目标值$\tau = 0$，但是很快又回到了目标值附近，表示基于 JADE 的批间控制器可以捕捉到这种跳变，并及时给予补偿，使得系统输出回到目标值附近。

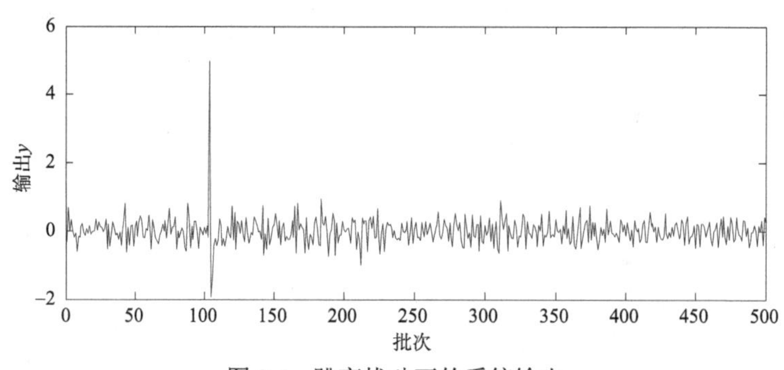

图 2.6　跳变扰动下的系统输出

2. *机台漂移扰动*

在半导体晶圆生产中，机台的磨损和老化会产生漂移扰动，这种现象在蚀刻、化学抛光工艺中很常见。一般通过预防性维护或参数重新设定对扰动进行修正。仿真中，机台 T1 和机台 T2 分别设置了斜率为 0.1 和 0.2 的漂移扰动。在第 200 批次，机台 T1 参数重置为初值，机台 T2 在第 400 批次参数重置为初值。

图 2.7 中虚线为真实值，实线为估计值。由图可知，机台 T1 和机台 T2 呈现出了锯齿状的变化，在第 200 批次和第 400 批次时均对产品 P1 至产品 P4 产生了不同程度的影响。从图 2.8 中可以观测到，JADE 算法能准确地估计所有的线程状态。

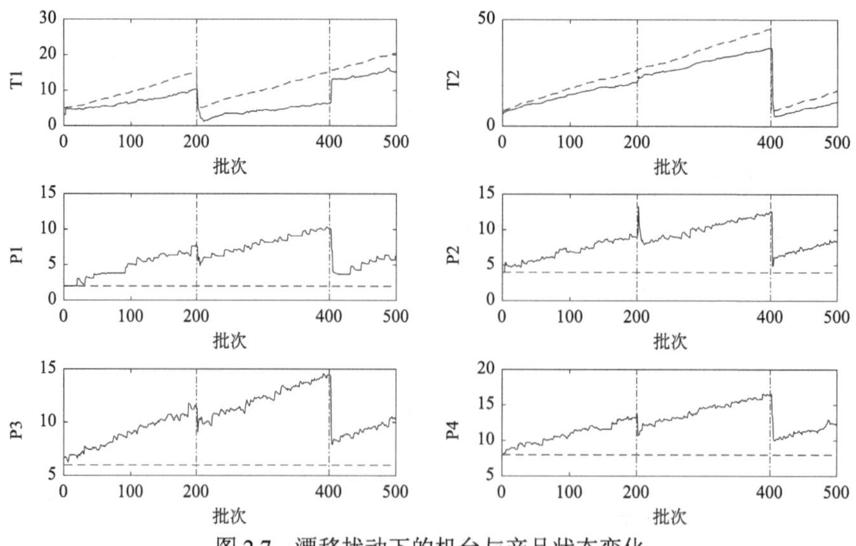

图 2.7　漂移扰动下的机台与产品状态变化

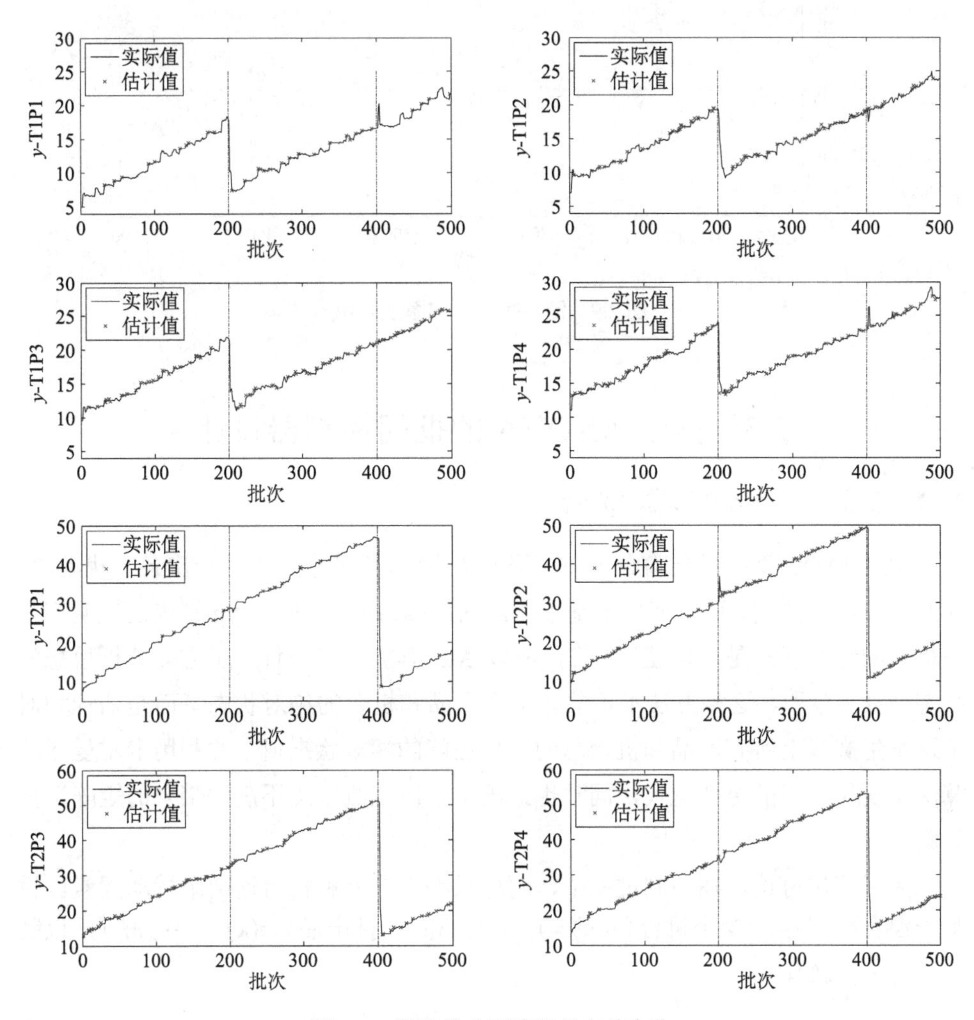

图 2.8　漂移扰动下线程状态的变化

由图 2.9 可知，在持续的漂移扰动条件下，系统输出可以保持在目标值附近。在第 200 批次和第 400 批次机台参数重置时，都会产生一个明显的尖峰，偏离了目标值 $\tau=0$ 。但基于 JADE 算法的批间控制仍然可以捕捉到变化，并及时给予补偿，使得输出回到目标值附近。

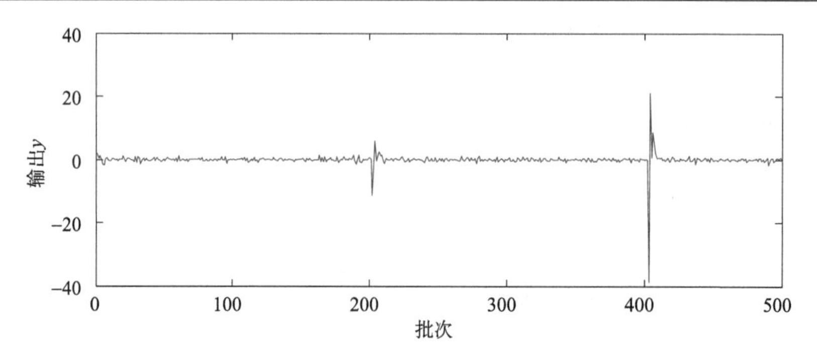

图 2.9 漂移扰动下的系统输出

2.5 基于 ANOVA 的批间控制器设计

2.5.1 基于 ANOVA 的状态观测器

由于 JADE 算法只能确定每个线程的状态值，不能准确地估计出各个扰动项，因此只能用于控制，而不能用于基于状态的故障诊断[7]。Pasadyn 等也已证明产品与机台的绝对状态是不可获得的[6]，所以 Ma 等提出了一种基于方差分析思想的状态估计方法[8]。这种方法不再估计每个产品和机台的绝对状态，而是估计相对于这条生产线上所有产品和机台总的平均性能的相对状态值，并利用卡尔曼滤波算法实现状态值的更新迭代，同时也给出了解决观测矩阵不满秩带来的矩阵运算问题。

为了简化讨论，在控制过程中，同样只考虑产品和机台这两个扰动因素。设某一混合制程存在 N 个机台（$n(k)=1,\cdots,N$）和 M 种产品（$m(k)=1,\cdots,M$），该制程的模型可描述为

$$y(k)=\beta u(k)+a_{n(k)}^{t}+a_{m(k)}^{p}+\varepsilon(k) \tag{2.22}$$

式中，$y(k)$ 和 $u(k)$ 分别表示在第 k 批次制程的输出和输入；$a_{n(k)}^{t}$ 表示在第 k 批次机台 n 的机台效益值；$a_{m(k)}^{p}$ 表示在第 k 批次产品 m 的产品效益值；$\varepsilon(k)\sim\left(0,\sigma^{2}\right)$ 为制程的白噪声，则式(2.22)可描述为

$$\hat{y}(k)-bu(k)=\mu+t_{n(k)}+p_{m(k)} \tag{2.23}$$

式中，b 为制程增益 β 的估计值；μ 表示所有机台和产品的平均性能；$t_n(n=1,\cdots,N)$ 和 $p_m(m=1,\cdots,M)$ 分别是机台 n 和产品 m 相对于平均值 μ 的偏差；与表示机台和产品绝对状态的 a_n^t 和 a_m^p 不同，t_n 和 p_m 表示的是相对状态，并满足

下列约束条件：

$$\begin{cases}\sum_{n=1}^{N} t_n = 0 \\ \sum_{m=1}^{M} p_m = 0\end{cases} \tag{2.24}$$

同时，设 t_n 和 p_m 是相互独立的。在实际的过程中，输出量不仅与机台和产品的状态有关，还可能受其他因素影响，如前几批次生产时所使用的机台。由式(2.23)可得

$$\hat{\boldsymbol{Y}} = \begin{bmatrix} y(1) - bu(1) \\ y(2) - bu(2) \\ \vdots \\ y(k) - bu(k) \end{bmatrix} = \boldsymbol{Zx} \tag{2.25}$$

式中，

$$\boldsymbol{x} = \begin{bmatrix} \mu & t_1 & t_2 & \cdots & t_N & p_1 & p_2 & \cdots & p_M \end{bmatrix}^{\mathrm{T}} \tag{2.26}$$

$$\boldsymbol{Z} = \begin{bmatrix} 1 & \delta_{1,n(1)} & \cdots & \delta_{N,n(1)} & \delta_{1,m(1)} & \cdots & \delta_{M,m(1)} \\ 1 & \delta_{1,n(2)} & \cdots & \delta_{N,n(2)} & \delta_{1,m(2)} & \cdots & \delta_{M,m(2)} \\ \vdots & \vdots & & \vdots & \vdots & & \vdots \\ 1 & \delta_{1,n(k)} & \cdots & \delta_{N,n(k)} & \delta_{1,m(k)} & \cdots & \delta_{M,m(k)} \end{bmatrix} \tag{2.27}$$

$\boldsymbol{Z}$ 是一个关联矩阵，$\delta_{n,n(k)}$ 与 $\delta_{m,m(k)}$ 是克罗内克项。在第 k 批次，如果涉及第 $n(k)$ 个机台和第 $m(k)$ 个产品，各自对应的 δ 项为 1，其他设置为 0。

$$\delta_{n,n(k)} = \begin{cases} 1, \text{第}k\text{批次在第}n\text{个机台生产} \\ 0, \text{其他} \end{cases}, n = 1, 2, \cdots, N \tag{2.28}$$

$$\delta_{m,m(k)} = \begin{cases} 1, \text{第}k\text{批次第}m\text{个产品被生产} \\ 0, \text{其他} \end{cases}, m = 1, 2, \cdots, M \tag{2.29}$$

分析可得：尽管 $\boldsymbol{Z}$ 具有 $(N+M+1)$ 列，但由于克罗内克矩阵的特性，实际的列秩为 $(N+M-1)$，因此并不满秩。但是根据 ANOVA 的约束条件式(2.24)，扩充系统的状态方程：

$$\tilde{\boldsymbol{Y}}=\begin{bmatrix}\hat{\boldsymbol{Y}}\\0\\0\end{bmatrix}=\bar{\boldsymbol{Z}}\boldsymbol{x}=\begin{bmatrix} & \boldsymbol{Z} & \\ 0 & \underbrace{1\cdots1}_{N} & \underbrace{0\cdots0}_{M}\\ 0 & \underbrace{0\cdots0}_{N} & \underbrace{1\cdots1}_{M}\end{bmatrix}\boldsymbol{x} \tag{2.30}$$

这样，基于 ANOVA 的状态空间模型可描述为

$$\begin{cases}\boldsymbol{x}(k+1)=\boldsymbol{T}\boldsymbol{x}(k)+\boldsymbol{\omega}(k)\\ \tilde{\boldsymbol{Y}}(k)=\bar{\boldsymbol{Z}}\boldsymbol{x}(k)+\boldsymbol{v}(k)\end{cases} \tag{2.31}$$

式中，$\boldsymbol{\omega}(k)\sim N(0,Q)$；$\boldsymbol{v}(k)\sim N(0,R)$；$\boldsymbol{T}=\begin{bmatrix}1 & 0_{1\times N} & 0_{1\times M}\\ 0_{N\times 1} & 1_{N\times N} & 0_{N\times M}\\ 0_{M\times 1} & 1_{M\times N} & 1_{M\times M}\end{bmatrix}$。

ANOVA 模型的可观矩阵为

$$\boldsymbol{O}=\left(\bar{\boldsymbol{Z}},\ \bar{\boldsymbol{Z}}\boldsymbol{T},\cdots,\bar{\boldsymbol{Z}}\boldsymbol{T}^{N+M}\right)^{\mathrm{T}} \tag{2.32}$$

根据已经得到的 ANOVA 状态向量 $\hat{\boldsymbol{x}}(k-1)$ 和协方差矩阵 $\hat{\boldsymbol{P}}(k-1)$，估算出状态向量 $\hat{\boldsymbol{x}}(k|k-1)$ 和协方差矩阵 $\hat{\boldsymbol{P}}(k|k-1)$：

$$\hat{\boldsymbol{x}}(k|k-1)=\boldsymbol{T}\hat{\boldsymbol{x}}(k-1) \tag{2.33}$$

$$\hat{\boldsymbol{P}}(k|k-1)=\boldsymbol{T}\hat{\boldsymbol{P}}(k-1)\boldsymbol{T}^{\mathrm{T}}+Q \tag{2.34}$$

利用卡尔曼滤波算法可得

$$\hat{\boldsymbol{x}}(k)=\hat{\boldsymbol{x}}(k|k-1)+\hat{\boldsymbol{P}}(k|k-1)\bar{\boldsymbol{Z}}^{\mathrm{T}}(k)\boldsymbol{K}^{-1}(k)\left(\bar{\boldsymbol{Y}}(k)-\bar{\boldsymbol{Z}}^{\mathrm{T}}(k)\hat{\boldsymbol{x}}(k|k-1)\right) \tag{2.35}$$

$$\hat{\boldsymbol{P}}(k)=\hat{\boldsymbol{P}}(k|k-1)-\hat{\boldsymbol{P}}(k|k-1)\bar{\boldsymbol{Z}}(k)\boldsymbol{K}^{-1}(k)\bar{\boldsymbol{Z}}(k)\hat{\boldsymbol{P}}(k|k-1) \tag{2.36}$$

$$\boldsymbol{K}(k)=R+\bar{\boldsymbol{Z}}(k)\hat{\boldsymbol{P}}(k|k-1)\bar{\boldsymbol{Z}}^{\mathrm{T}}(k) \tag{2.37}$$

系统的预测误差：

$$\boldsymbol{v}(k)=\tilde{\boldsymbol{Y}}(k)-\bar{\boldsymbol{Z}}(k)\hat{\boldsymbol{x}}(k|k-1) \tag{2.38}$$

系统的控制输入：

$$u(k)=\frac{\tau-\hat{\mu}(k)-\hat{t}_{n_k}(k)-\hat{p}_{m_k}(k)}{b} \tag{2.39}$$

Ma 通过仿真实验表明，ANOVA 方法能够很好地估计机台的跳变、漂移，新产品上线/下线，以及机台预防性维护等制程中常见的故障扰动，对于低频产品也有很好的控制效果，总体性能优于 t-EWMA 和 JADE 方法[8]。

2.5.2 算例分析

本节以两个机台(T1, T2)和三种晶圆(P1, P2, P3)为例进行仿真验证。机台与晶圆的生产频率分别为[0.5,0.5]与[0.15,0.4,0.45]。假设机台初始截距项为$\left[a_1^t,a_2^t\right]=\left[5,7\right]$，产品初始截距值$\left[a_1^p,a_2^p,a_3^p\right]=\left[6,10,17\right]$，系统目标值$\tau=10$，增益$\beta=b=1$(即：无模型不匹配)，折扣因子$\lambda=0.5$；生产总批次$N$=200；制程噪声用IMA(1,1)模型描述，参数为$\sigma^2=0.04$，$\theta=0.3$。与JADE算法的仿真类似，在仿真中用跳变和漂移来模拟机台预防性维护和老化的情况，且无时延。

1. 机台跳变扰动

在第100批次时，给机台T1加入了一个幅值为15的阶跃扰动。图2.10中虚线为真实值，实线为估计值。由图中可以看出，在第100批次均值μ和机台T1状态有一个明显的抬升，机台T2则有一个明显的反向跳变。产品P1～P3在第100批次先有不同程度、不同方向的跳变，然后迅速调整回到真实值附近。

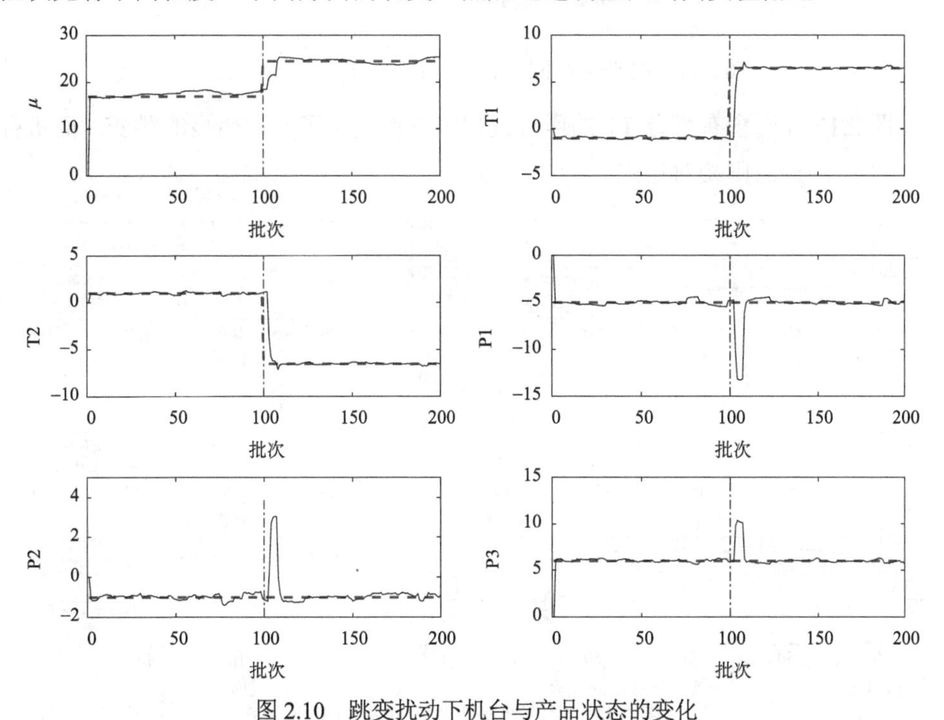

图 2.10　跳变扰动下机台与产品状态的变化

图2.11显示机台T1上的均值μ+T1发生一次跳变，机台T2上的均值μ+T2相对平稳，而剩下的μ+P1、μ+P2和μ+P3也都在第100批次发生了跳变。

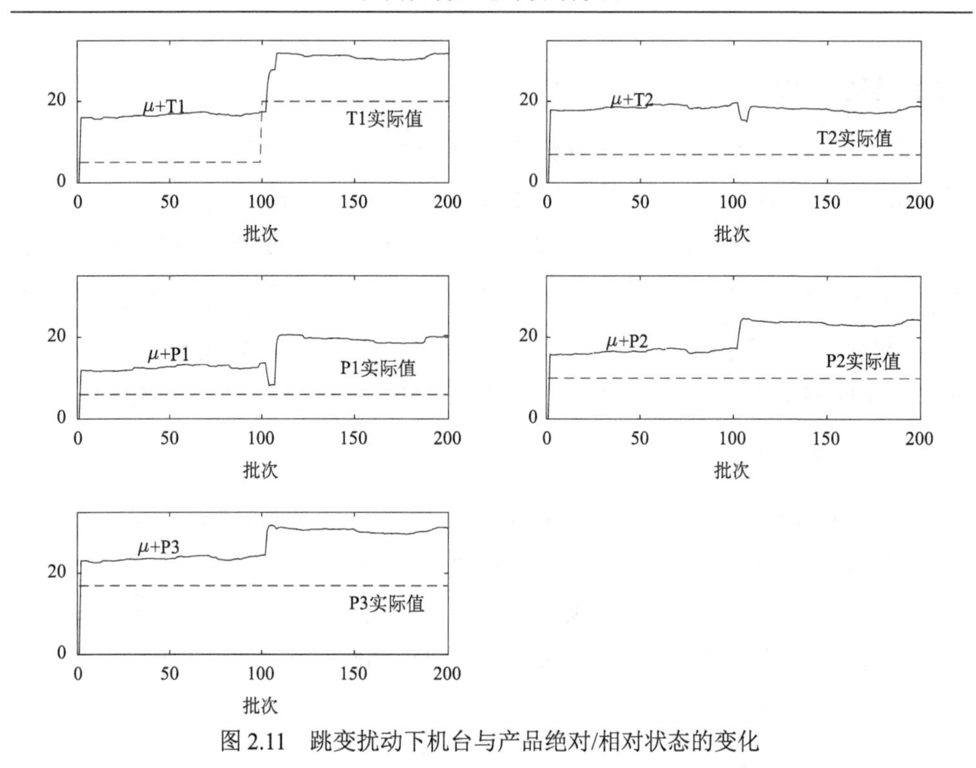

图 2.11　跳变扰动下机台与产品绝对/相对状态的变化

图 2.12 表明含有机台 T1 的所有线程状态都发生了一次明显的跳变，而机台 T2 上生产的产品则相对稳定。

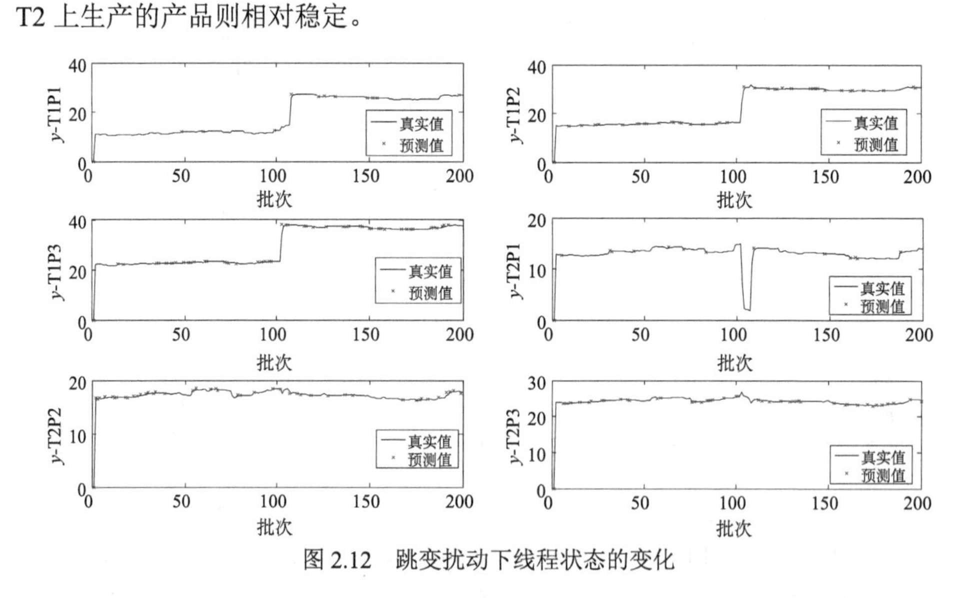

图 2.12　跳变扰动下线程状态的变化

图 2.13 给出了在经历跳变扰动的系统输出，可以看出，在第 100 批次附近有一个明显的输出跳变尖峰，偏离了目标 $\tau=10$ 。但是很快又回到了目标值附近，

表示基于 ANOVA 的批间控制器可以捕捉到跳变扰动并及时给予补偿，使输出回到目标值附近。

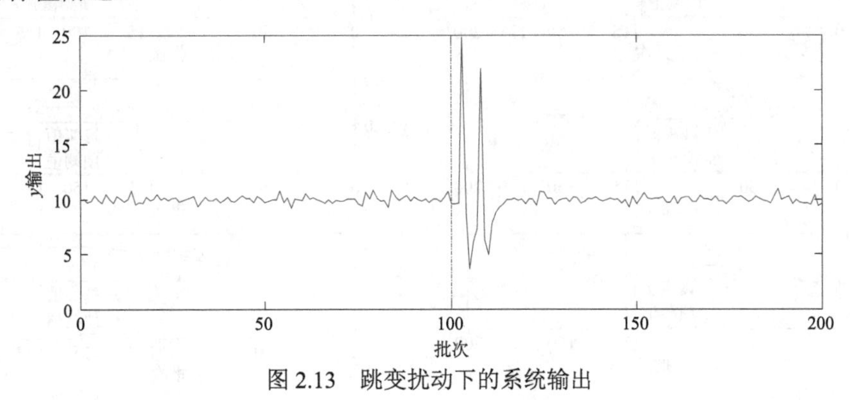

图 2.13　跳变扰动下的系统输出

2. 机台漂移扰动

如前所述，机台的老化会产生漂移扰动。仿真中，机台 T1 和机台 T2 分别加入了斜率为 0.1 和 0.2 的漂移扰动。机台 T1 在第 115 批次参数重置，机台 T2 在第 170 批次参数重置。

图 2.14 中虚线为真实值，实线为估计值。图 2.14 和图 2.15 分别显示 ANOVA 算法能够准确地估计跟踪所有机台与产品的状态，以及线程组合的状态。

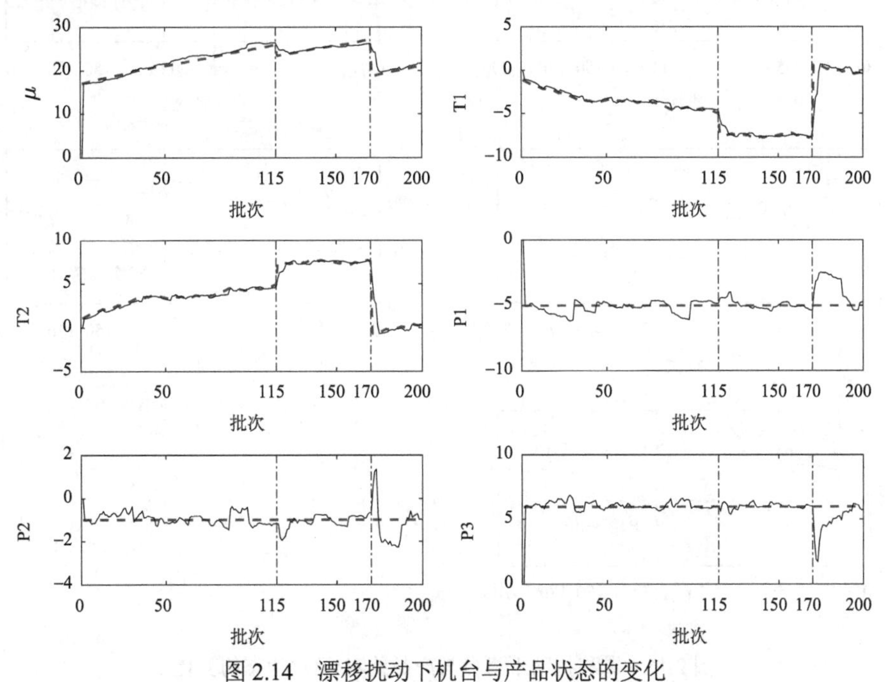

图 2.14　漂移扰动下机台与产品状态的变化

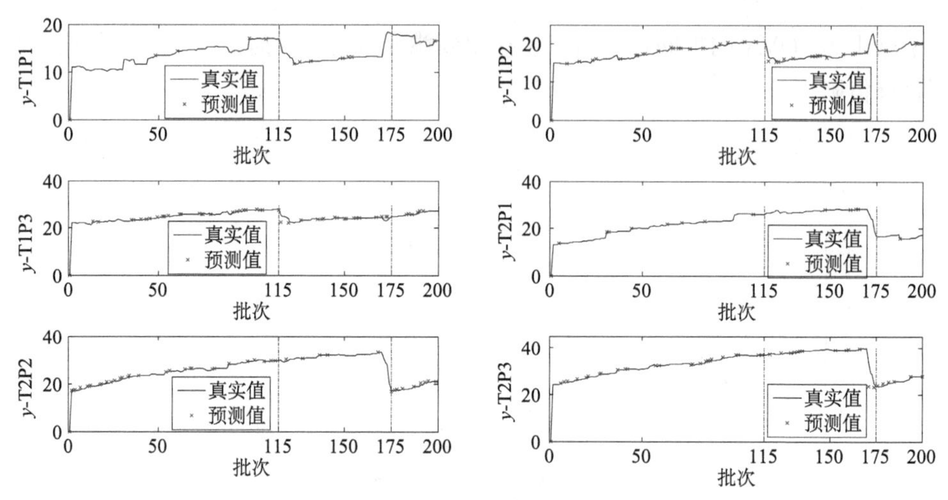

图 2.15　漂移扰动下线程状态的变化

从图 2.16 中分析可得均值和机台的状态 μ+T1 和 μ+T2 的变化趋势是与实际变化相符的，均值和产品的状态 μ+P1、μ+P2 和 μ+P3 与系统平均性能变化一致。

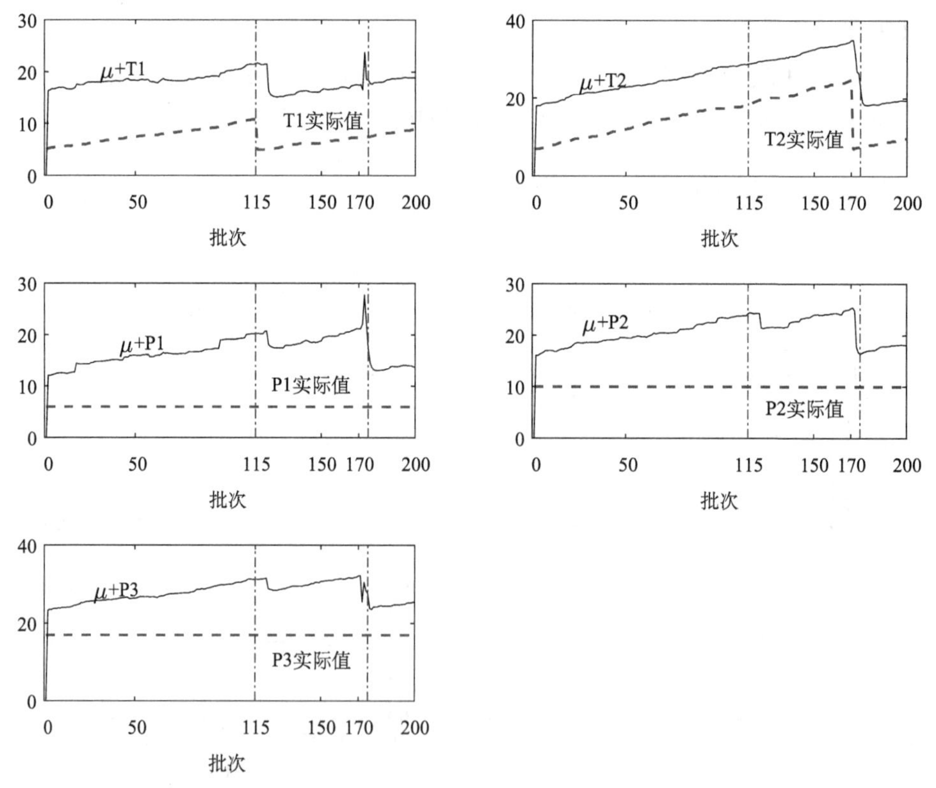

图 2.16　漂移扰动下机台与产品绝对/相对状态的变化

从图2.17可以看出，尽管在第115批次和第170批次机台预防性维护时，系统输出有一个明显尖峰，偏离了目标$\tau=10$。但基于ANOVA的批间控制器仍然可以捕捉到变化并及时给予补偿，使输出回到目标值附近。

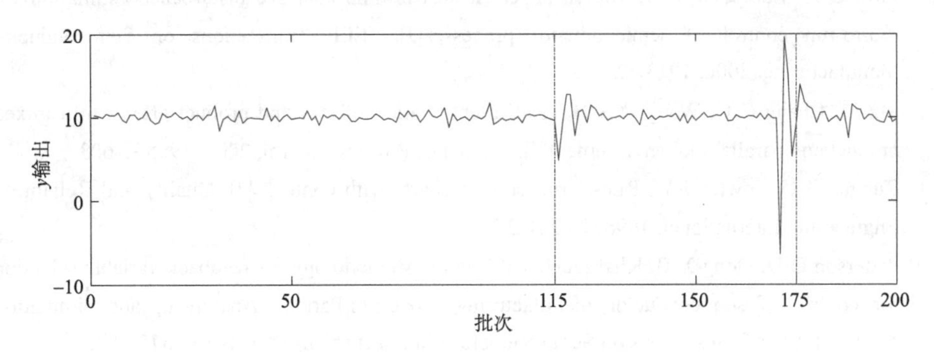

图2.17　漂移扰动下的系统输出

2.6　本章小结

本章主要分析了半导体晶圆混合制程下线程控制和非线程控制两种模式。在线程控制模式中，根据线程的定义分析了Tb-EWMA和Pb-EWMA两种控制算法及其相应的稳定性。但是由于现代半导体晶圆生产模式的日益复杂和线程定义的本身局限性，非线程控制算法受到越来越多的关注，本章重点分析了基于递归最小二乘法的JADE状态估计算法和基于卡尔曼滤波的ANOVA状态估计算法，并针对实际生产中常见的机台老化、预防性维护等情形，仿真验证了两种算法对这两种情形引起的扰动都有较好的跟踪抑制作用。

参考文献

[1] Bode C A, Wang J, He Q P, et al. Run-to-run control and state estimation in high-mix semiconductor manufacturing[J]. Annual Reviews in Control, 2007, 31(2):241-253.

[2] 艾兵. 采用指数加权平均控制器的半导体生产过程的稳定性与性能分析[D]. 武汉：华中科技大学, 2012.

[3] 谭斐. 基于状态估计的批间控制器设计与性能评估[D]. 镇江：江苏大学, 2019.

[4] Zheng Y, Lin Q H, Wong D S H, et al. Stability and performance analysis of mixed product run-to-run control[J]. Journal of Process Control, 2006, 16(5): 431-443.

[5] Miller M L. Use of Scatterometric Measurements for Control of Photolithography[D]. Santa Barbara: University of California, 1994.

[6] Pasadyn A J, Edgar T F. Observability and state estimation for multiple product control in semiconductor manufacturing[J]. IEEE Transactions on Semiconductor Manufacturing, 2005, 18(4): 592-604.

[7] Firth S K, Campbell W J, Toprac A, et al. Just-in-time adaptive disturbance estimation for run-to-run control of semiconductor processes[J]. IEEE Transactions on Semiconductor Manufacturing, 2006, 19(3):298-315.

[8] Ma M, Chang C C, Wong D S H, et al. Identification of tool and product effects in a mixed product and parallel tool environment[J]. Journal of Process Control, 2009, 19: 591-603.

[9] Runger G C, Fowler J W. Run-to-run control charts with contrasts[J]. Quality and Reliability Engineering International, 1998, 14:261-272.

[10] Patterson O D, Dong X B, Khargonekar P P, et al. Methodology for feedback variable selection for control of semiconductor manufacturing processes-Part 1: Analytical, and simulation results[J]. IEEE Transactions on Semiconductor Manufacturing, 2003, 16(3):575-587.

[11] Wang J, He Q P, Edgar T F. A general framework for state estimation in high-mix semiconductor manufacturing[C]. American Control Conference 2007, 2007, 18:3636-3641.

[12] Wang J, He Q P, Edgar T F. State estimation in high-mix semiconductor manufacturing[J]. Journal of Process Control, 2009, 19:443-456.

[13] Gaddam S, Braun M W. Etch chamber condition-based process control model for shallow trench isolation trench depth control[C]//2005 IEEE/SEMI Advanced Semiconductor Manufacturing Conference and Workshop-Advancing Semiconductor Manufacturing Excellence, 2005: 17-20.

第3章　G&P-EWMA 批间控制

3.1　引　　言

在半导体晶圆混合加工制程中，Zheng 等将批间控制分为基于机台的批间控制和基于产品的批间控制[1]，并分析了这两种 EWMA 批间控制器的稳定性。当制程为非稳态过程或存在模型不匹配时，Tb-EWMA 批间控制器将不稳定，Pb-EWMA 批间控制器则是稳定的，但此类方法类似于 s-EWMA 批间控制器，对加工频率较低产品的控制效果差。如前所述，Firth 等发展了 JADE 算法来解决混合制程的控制问题[2]，此方法将制程干扰分解成机台项和产品项，或是分解为影响制程性能的各种因素项，利用递归最小二乘法估算出所分解的扰动项，快速修正扰动项所造成的制程变异。而 Ma 等则是使用 ANOVA 方法分析半导体混合制程的扰动[3]，通过研究不同来源的扰动对总扰动的贡献大小，由卡尔曼滤波算法估计出各扰动项，进而计算出批间控制器的参数，实现混合产品的控制。

上述方法，均需要精确估算出混合制程的扰动项，而当混合制程中存在多种加工频率较低的产品(以下简称：低频产品)时，由于加工信息缺乏导致 EWMA 滤波器参数更新不及时，从而产生估计偏差，降低此低频产品品质的一致性。若此时线程中存在类似规格且加工频率高的产品(以下简称：高频产品)，可以借助此类规格产品的生产信息，增加 EWMA 滤波器参数的更新频率，进而提升该低频产品的品质一致性。为此，本章提出一种 G&P-EWMA(group & product based EWMA)方法[4,5]，将具有相似特征的产品聚类，以增加低频产品 EWMA 滤波器参数的更新频率，对于高频产品则仍采用自身的 Pb-EWMA 批间控制器。这种单向信息交换方法，既利用高频产品的生产信息来提升低频产品 EWMA 滤波器参数的更新频率，又防止低频产品的生产信息对高频产品 EWMA 滤波器产生干扰。

3.2 G&P-EWMA 批间控制

3.2.1 Pb-EWMA 批间控制器设计

设某机台加工 J 种规格产品，该制程可描述为

$$y(k)=\alpha_{j(k)}+\beta_{j(k)}u(k)+\varepsilon(k) \tag{3.1}$$

式中，$j(k)\in[1,2,\cdots,J]$ 为第 k 批次生产的第 j 种规格产品序号；$y(k)$ 与 $u(k)$ 为第 k 批次制程的输出与输入；$\alpha_{j(k)}$ 与 $\beta_{j(k)}$ 分别为在第 k 批次加工的第 j 种规格产品的截距与增益；$\varepsilon(k)$ 为制程的噪声项。

假设由生产过程数据辨识得到该制程的数学模型为

$$\hat{y}(k)=a_{j(k)}(k)+bu(k) \tag{3.2}$$

式中，b 为制程的标称增益；$a_{j(k)}(k)$ 为不同规格产品的截距项，由 EWMA 滤波器递归更新。

由批间控制器准则，得其控制输入为

$$u(k)=\frac{\tau_{j(k)}-a_{j(k)}(k)}{b} \tag{3.3}$$

式中，$\tau_{j(k)}$ 为第 k 批次生产的第 j 种规格产品的目标值。

而参数 $a_{j(k)}(k)$ 的 EWMA 滤波器更新准则为

$$a_{j(k)}(k+1)=\begin{cases}\lambda\left(y(k)-bu(k)\right)+(1-\lambda)a_{j(k)}(k), & j(k)=j\\ a_{j(k)}(k), & 其他\end{cases} \tag{3.4}$$

式中，λ 为 EWMA 算法的折扣因子；$j=1,2,\cdots,J$。

此算法称为 Pb-EWMA 批间控制(如图 3.1 所示，这里 $J=2$)。其主要思想是：当前批次的控制动作是由前面批次最近的同规格产品的输出来决定，而不一定是由上一批次加工产品的输出来决定的。由图 3.1 可知，如果当前批次加工的是#1 产品，并且上一批次加工的也是#1 产品，那么当前批次的控制动作就直接由上一批次制程的输出来决定；如果上一批次加工的是#2 产品，那么当前批次的控制动作就由前面最近批次加工#2 产品的输出来决定。这种控制算法考虑了不同规格产品之间的差异，每次控制动作都是由同种规格产品所组成的系统、采用 EWMA 算法估算出扰动项来决定的[6]。

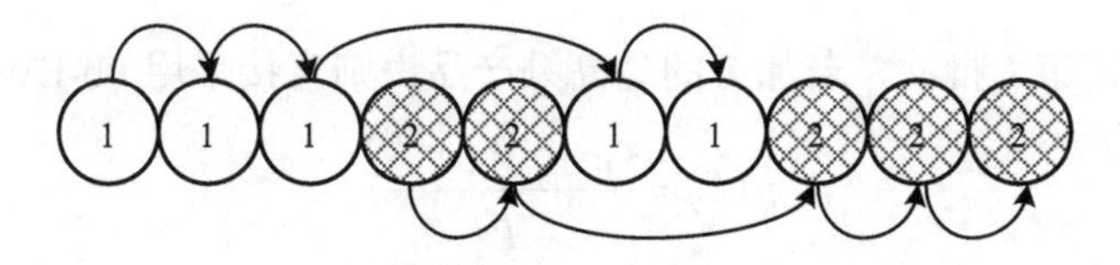

图 3.1　Pb-EWMA 控制算法

由此可见，Pb-EWMA 批间控制器性能是由产品的加工频率决定，对于低频产品，当扰动项更新不及时，会导致批间控制器的性能下降，降低低频产品的品质一致性。

3.2.2　G&P-EWMA 批间控制器设计

为了提升低频产品的一致性，采用自适应 k-均值聚类算法[7]，基于 Pb-EWMA 提出了 G&P-EWMA 控制算法，其基本思想就是将类似规格的产品聚类成一组，进而增加低频产品扰动项 EWMA 更新频率。亦即：将 J 种规格的产品分成 G 个组（$G \leqslant J$），如图 3.2 所示，若是高频产品，则采用自身的 EWMA 滤波器（即 Pb-EWMA 控制）；若是低频产品，则采用其所属组的 G-EWMA 滤波器。

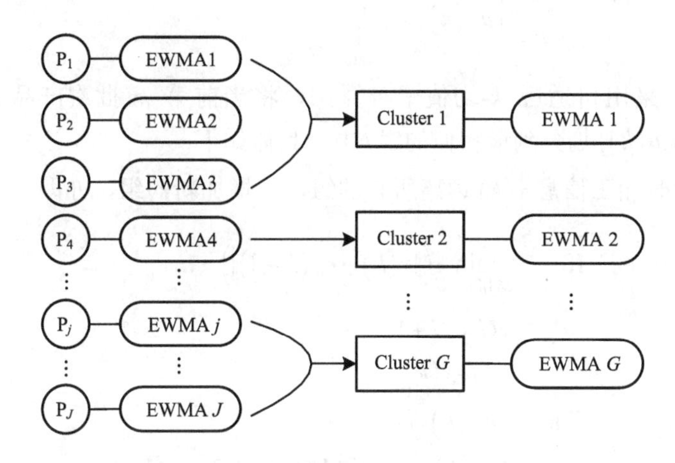

图 3.2　G&P-EWMA 控制框图

用 $p_{j,g}(k)$ 描述第 k 批次第 j 种规格产品隶属于 g 组的概率（$j=1,2,\cdots,J$，$g=1,2,\cdots,G$），则 G&P-EWMA 算法描述如下：

步骤 1. 不失一般性，首先将所有规格的产品分成一组，即

$$\begin{cases} G=1 \\ p_{j,1}(1)=1, \forall j=1,2,\cdots,J \end{cases} \tag{3.5}$$

步骤 2. 在第 k 批次，若加工的是高频产品，则直接采用 Pb-EWMA 算法，

$$u(k)=\frac{\tau_{j(k)}-a_{j(k)}(k)}{b} \tag{3.6}$$

且该产品扰动项 EWMA 的更新准则为

$$a_{j(k)}(k+1)=\begin{cases}\lambda\big(y(k)-bu(k)\big)+(1-\lambda)a_{j(k)}(k), & j(k)=j\\ a_{j(k)}(k), & \text{其他}\end{cases} \tag{3.7}$$

若加工的是低频产品，则找到该产品所属的组 z，并使用 G-EWMA 算法，

$$\begin{cases}z=\underset{g=1,2,\cdots,G}{\arg\max}\big(p_{j(k),g}(k)\big)\\ u(k)=\dfrac{\tau_{j(k)}-a_z(k)}{b}\end{cases} \tag{3.8}$$

且该组的扰动项 EWMA 更新准则为

$$a_g(k+1)=\begin{cases}\lambda\big(y(k)-bu(k)\big)+(1-\lambda)a_g(k), & g=z\\ a_g(k), & \text{其他}\end{cases} \tag{3.9}$$

步骤 3. 采用自适应 k-均值聚类算法，将当前第 k 批次产品的加工信息 $x(k)=\big(y(k),u(k)\big)$ 划分到最相似的组 t 中，具体如下：

(1) 若此时加工信息 $x(k)$ 远离所有的组，则增加新的组，亦即

$$\text{If}\quad \min_{g=1,2,\cdots,G}\big(\|x(k)-c_g(k-1)\|\big)>d_1$$

$$\text{Then}\quad\begin{cases}G=G+1\\ c_G=x(k)\\ n_G(k)=1\\ c_g(k)=c_g(k-1), & g=1,2,\cdots,G-1\\ n_g(k)=n_g(k-1), & g=1,2,\cdots,G-1\end{cases} \tag{3.10}$$

式中，$c_g(k-1)$ 是第 $k-1$ 批次第 g 组的中心点（$g=1,2,\cdots,G$）；$n_g(k)$ 是第 k 批次第 g 组中样本的个数；d_1 是 k-均值聚类的阈值，由用户自定义。

(2) 否则，找到最相似的组 t，并更新该组的中心点，亦即

$$
\begin{array}{ll}
\text{If} & \min\limits_{g=1,2,\cdots,G}\left(\left\|x(k)-c_g(k-1)\right\|\right)\leqslant d_1 \\
\text{Then} & \begin{cases}
t=\arg\min\limits_{g=1,2,\cdots,G}\left(\left\|x(k)-c_g(k-1)\right\|\right) \\
c_t(k)=\gamma x(k)+(1-\gamma)c_t(k-1) \\
n_t(k)=n_t(k-1)+1 \\
c_g(k)=c_g(k-1),g\neq t \\
n_g(k)=n_g(k-1),g\neq t
\end{cases}
\end{array}
\tag{3.11}
$$

式中，r 为权重因子，$0\leqslant\gamma\leqslant1$，用于降低离群点的负面效应。

(3) 当聚类中心不断地变化时，有可能出现两个组的中心点不断地靠近，此时需要对所有组的中心点进行比较，亦即

$$
\begin{array}{ll}
\text{If} & \min\limits_{t\neq g,g=1,2,\cdots,G}\left(\left\|c_t(k)-c_g(k-1)\right\|\right)\leqslant d_2 \\
\text{Then} & \begin{cases}
w=\arg\min\limits_{t\neq g,g=1,2,\cdots,G}\left(\left\|c_t(k)-c_g(k-1)\right\|\right) \\
g=\min(t,w) \\
c_g(k)=\dfrac{n_t(k)c_t(k)+n_w(k)c_w(k)}{n_t(k)+n_w(k)} \\
n_g(k)=n_t(k)+n_w(k) \\
h=\max(t,w) \\
c_{g-1}(k)=c_g(k-1),\ g\geqslant h+1 \\
n_{g-1}(k)=n_g(k-1),\ g\geqslant h+1
\end{cases}
\end{array}
\tag{3.12}
$$

式中，d_2 为两个组融合的阈值。

当两个组的中心足够近时，说明这两个组可以合二为一，这样使得聚类结构更加紧凑，也可以避免组别过多的可能。

步骤 4. 更新所有产品隶属组的概率表 $p_{j,g}(k)$，即

$$
\begin{cases}
t = \underset{g=1,2,\cdots,G}{\arg\min}\left(x(k) - c_g(k-1)\right) \\
\begin{bmatrix} p_{j(k),1}(k+1) \\ p_{j(k),2}(k+1) \\ \vdots \\ p_{j(k),t}(k+1) \\ \vdots \\ p_{j(k),G}(k+1) \end{bmatrix} = \omega \begin{bmatrix} 0 \\ 0 \\ \vdots \\ 1 \\ \vdots \\ 0 \end{bmatrix} + (1-\omega) \begin{bmatrix} p_{j(k),1}(k) \\ p_{j(k),2}(k) \\ \vdots \\ p_{j(k),t}(k) \\ \vdots \\ p_{j(k),G}(k) \end{bmatrix}
\end{cases}
\tag{3.13}
$$

式中，t 是当前第 k 批次产品所属的组 t；$c_g(k-1)$ 是第 $k-1$ 批次第 g 组的中心；ω 是权重因子，决定组中心的更新速度。

步骤 5. 跳转到步骤 2。

G&P-EWMA 算法的具体实现过程如表 3.1 所示。

表 3.1　G&P-EWMA 算法的伪代码

1	初始化 d_1，d_2，γ，ω，设置 $G=1$，$p_{j(1),g}(1)=1$
2	for $k=1,2,\cdots,K$，计算 $z=\underset{g=1,2,\cdots,G}{\arg\min}\left(p_{j(k),g}(k)\right)$
3	若是低频产品
	使用 z 组 G-EWMA 批间控制器(3.8)，并更新该组的扰动项(3.9)
4	否则
	使用 Pb-EWMA 批间控制器(3.6)，并更新该产品的扰动项(3.7)
5	构建 $x(k)=\left(y(k),u(k)\right)$，计算 $\min\limits_{g=1,2,\cdots,G}\left(\left\|x(k)-c_g(k-1)\right\|\right)$
6	若此产品的信息与所有组中心的最短距离都大于 d_1
	增加新的组(3.10)
7	否则
	更新所属组的信息(3.11)
8	计算 $\min\limits_{t\neq g,g=1,2,\cdots,G}\left(\left\|c_t(k)-c_g(k-1)\right\|\right)$
9	若两个组中心点之间的最短距离小于等于 d_2
	将此两组信息合并(3.12)
10	更新所有产品隶属组的概率表(3.13)
11	对 G&P-EWMA 进行绩效评估

3.2.3　G&P-EWMA 批间控制器参数优化

折扣因子λ的大小直接影响 EWMA 批间控制器的性能[8, 9]，在推导 s-EWMA 控制为纯积分控制的前提下，基于最小方差控制(minimum variance control, MVC)[10]，Prabhu 和 Edgar 利用迭代算法获得最优的折扣因子，提升了 s-EWMA 批间控制器的性能[11]。本节拓展此方法，通过滚动时间窗口迭代求解 G&P-EWMA 批间控制器的最优折扣因子λ_g。

定理 3.1：采用 G&P-EWMA 滤波器设计的批间控制器，其 Pb-EWMA 与 G-EWMA 控制分别等价于纯积分控制。

证明：对于混合制程，高频产品j采用 Pb-EWMA 批间控制器，则由(3.4)可知，扰动项更新准则为

$$a_j(k+1)=\lambda\big(y(k)-bu(k)\big)+(1-\lambda)a_j(k) \tag{3.14}$$

则

$$a_j(k+1)=\lambda\sum_{i=1}^{k}\big(y(i)-\tau_j\big)+a_j(1) \tag{3.15}$$

Pb-EWMA 批间控制器的输出为

$$u_j(k+1)=\frac{\tau_j-a(1)}{b_j}-\frac{\lambda}{b_j}\sum_{i=1}^{k}\big(y(i)-\tau_j\big) \tag{3.16}$$

由此可得，Pb-EWMA 等价于离散纯积分控制器，其积分系数为$k_{\mathrm{I}}=\dfrac{\lambda}{b_j}$。

设k为当前加工批次，g为当前加工产品的组别，j^*为g组中高频产品的序号。

由上节可知，G-EWMA 批间控制器输入为

$$u(k)=\frac{\tau-a_{j^*}(k)}{b} \tag{3.17}$$

当前批次，g组与j^*产品的 G&P-EWMA 滤波器更新策略分别为

$$\begin{aligned}a_g(k+1)&=\lambda\left(y(k)-b\frac{\tau-a_{j^*}(k)}{b}\right)+(1-\lambda)a_g(k)\\&=\lambda\big(y(k)-\tau\big)+\lambda a_{j^*}(k)+(1-\lambda)a_g(k)\end{aligned} \tag{3.18}$$

$$
\begin{aligned}
a_{j^*}(k+1) &= \lambda\left(y(k) - b\frac{\tau - a_{j^*}(k)}{b}\right) + (1-\lambda)a_{j^*}(k) \\
&= \lambda\left(y(k) - \tau\right) + a_{j^*}(k)
\end{aligned}
\tag{3.19}
$$

若为其他低频产品，则 G&P-EWMA 滤波器的更新策略分别为

$$
a_{j^*}(k+1) = a_{j^*}(k) \tag{3.20}
$$

$$
\begin{aligned}
a_g(k+1) &= \lambda\left(y(k) - b\frac{\tau - a_g(k)}{b}\right) + (1-\lambda)a_g(k) \\
&= \lambda\left(y(k) - \tau\right) + a_g(k)
\end{aligned}
\tag{3.21}
$$

不失一般性，G&P-EWMA 递归公式可写为

$$
a_g(k+1) = \lambda\left(y(k) - \tau\right) + \delta_{j(k),j^*}\lambda a_{j^*}(k) + \left(1 - \delta_{j(k),j^*}\lambda\right)a_g(k) \tag{3.22}
$$

$$
a_{j^*}(k+1) = \delta_{j(k),j^*}\lambda\left(y(k) - \tau\right) + a_{j^*}(k) \tag{3.23}
$$

式中，$\delta_{j(k),j^*} \in [0,1]$。

则

$$
\begin{aligned}
a_g(k+1) &= \lambda\left(y(k) - \tau\right) + \delta_{j(k),j^*}\lambda\left(\delta_{j(k-1),j^*}\lambda\left(y(k-1) - \tau\right) + a_{j^*}(k-1)\right) + \left(1 - \delta_{j(k),j^*}\lambda\right) \\
&\qquad \left(\lambda\left(y(k-1) - \tau\right) + \delta_{j(k-1),j^*}\lambda a_{j^*}(k-1) + \left(1 - \delta_{j(k-1),j^*}\lambda\right)a_g(k-1)\right) \\
&= \lambda\left(y(k) - \tau\right) + \lambda\left(y(k-1) - \tau\right) + \delta_{j(k),j^*}\delta_{j(k-1),j^*}\lambda^2\left(y(k-1) - \tau\right) \\
&\quad - \delta_{j(k),j^*}\lambda^2\left(y(k-1) - \tau\right) + \left(\delta_{j(k),j^*}\lambda + \delta_{j(k-1),j^*}\lambda\left(1 - \delta_{j(k),j^*}\lambda\right)\right)a_{j^*}(k-1) \\
&\quad + \left(1 - \delta_{j(k),j^*}\lambda\right)\left(1 - \delta_{j(k-1),j^*}\lambda\right)a_g(k-1)
\end{aligned}
\tag{3.24}
$$

折扣因子 $(0 \leqslant \lambda < 1)$ 一般取值较小，且 $\delta_{j(k),j^*}\delta_{j(k-1),j^*}$ 大概率趋向 0，因此，

$$
\begin{aligned}
a_g(k+1) &\approx \lambda\left(y(k) - \tau\right) + \lambda\left(y(k-1) - \tau\right) \\
&\qquad + \lambda\left(\delta_{j(k),j^*} + \delta_{j(k-1),j^*}(1-\lambda)^{\delta_{j(k),j^*}}\right)a_{j^*}(k-1) + a_g(k-1) \\
&\approx \sum_{i=1}^{k}\lambda\left(y(i) - \tau\right) + \lambda a_{j^*}(1)\sum_{i=1}^{k}\delta_{j(i),j^*}(1-\lambda)^{\delta_{j(k),j^*}\cdots\delta_{j(i+1),j^*}} + a_g(1) \\
&\approx \sum_{i=1}^{k}\lambda\left(y(i) - \tau\right) + a_g(1)
\end{aligned}
\tag{3.25}
$$

由此可见，G-EWMA 批间控制器近似于积分控制器。

证毕。

设某制程的滚动时间窗口为 p ，由定理 3.1 知 G&P-EWMA 批间控制器为纯积分控制器，则：

$$\begin{bmatrix} y(n-p) \\ y(n-p+1) \\ \vdots \\ y(n) \end{bmatrix} = \begin{bmatrix} 0 & 0 & \cdots & 0 & 0 \\ b & 0 & \cdots & 0 & 0 \\ \vdots & \vdots & & \vdots & \vdots \\ b & b & \cdots & 0 & 0 \\ b & b & \cdots & b & 0 \end{bmatrix} \begin{bmatrix} y(n-p) \\ y(n-p+1) \\ \vdots \\ y(n) \end{bmatrix} k_{\mathrm{I}} + \begin{bmatrix} c(n-p) \\ c(n-p+1) \\ \vdots \\ c(n) \end{bmatrix} \tag{3.26}$$

式中， p 数据窗口长度； b 是制程的估计增益； k_{I} 为积分系数； c 为扰动项。

设第 g 组 EMWA 的数据长度为 n_g ， $\{\gamma_1,\gamma_2,\cdots,\gamma_{n_g}\}$ 为该组的前 n_g 批次序号，则该组的输入输出可描述为

$$\boldsymbol{Y}_g = -\boldsymbol{B}_g \boldsymbol{K}_{\mathrm{I},g} \boldsymbol{Y}_g + \boldsymbol{C}_g \tag{3.27}$$

式中，

$$\boldsymbol{Y}_g = \begin{bmatrix} y(\gamma_1) \\ y(\gamma_2) \\ \vdots \\ y(\gamma_{n_g}) \end{bmatrix} \tag{3.28}$$

$$\boldsymbol{B}_g = \begin{bmatrix} 0 & 0 & \cdots & 0 & 0 \\ b & 0 & \cdots & 0 & 0 \\ \vdots & \vdots & & \vdots & \vdots \\ b & b & \cdots & 0 & 0 \\ b & b & \cdots & b & 0 \end{bmatrix} \tag{3.29}$$

$$\boldsymbol{K}_{\mathrm{I},g} = \begin{bmatrix} k_{\mathrm{I}}(\gamma_1) & 0 & \cdots & 0 & 0 \\ 0 & k_{\mathrm{I}}(\gamma_2) & \cdots & 0 & 0 \\ \vdots & \vdots & & \vdots & \vdots \\ 0 & 0 & \cdots & k_{\mathrm{I}}(\gamma_{n_g-1}) & 0 \\ 0 & 0 & \cdots & 0 & k_{\mathrm{I}}(\gamma_{n_g}) \end{bmatrix} \tag{3.30}$$

$$\boldsymbol{C}_g = \begin{bmatrix} c(\gamma_1) \\ c(\gamma_2) \\ \vdots \\ c(\gamma_{n_g}) \end{bmatrix} = (\boldsymbol{I} + \boldsymbol{B}_g \boldsymbol{K}_{\mathrm{I},g}) \boldsymbol{Y}_g \tag{3.31}$$

设该g组控制器存在最优的积分系数$\tilde{k}_{\mathrm{I},g}$，使第g组所有产品的输出方差最小，即

$$\boldsymbol{V}_g=\boldsymbol{C}_g^{\mathrm{T}}\left(\boldsymbol{I}+\boldsymbol{B}_g^{\mathrm{T}}\tilde{K}_{\mathrm{I},g}\boldsymbol{B}_g\right)^{-1}\boldsymbol{C}_g \tag{3.32}$$

采用牛顿迭代法，得

$$\tilde{k}_{\mathrm{I},g}=k_{\mathrm{I},g}-\frac{\dfrac{\partial \boldsymbol{V}_g}{\partial \tilde{k}_{\mathrm{I},g}}}{\dfrac{\partial^2\left(\boldsymbol{V}_g\right)}{\partial^2\left(\tilde{k}_{\mathrm{I},g}\right)}} \tag{3.33}$$

若$\left|\tilde{k}_{\mathrm{I},g}-k_{\mathrm{I},g}\right|\geqslant e$（$e$为用户设定阈值），则重复式(3.32)和式(3.33)；否则迭代结束。此时，第g组EWMA最优折扣因子为

$$\tilde{\lambda}_g=\phi b\tilde{k}_{\mathrm{I},g}+\left(1-\phi\right)\lambda_g \tag{3.34}$$

式中，ϕ为权重因子，$0<\phi<1$。

G&P-EWMA折扣因子的寻优的伪代码如表3.2所示。

表3.2　G&P-EWMA折扣因子寻优的伪代码

1	初始化p，$\boldsymbol{K}$，ϕ，设置$\lambda_g=0.2$
2	for $k=1,2,\cdots,K$，计算$\boldsymbol{C}_g=\left(I+\boldsymbol{B}_g\boldsymbol{K}_{\mathrm{I},g}\right)\boldsymbol{Y}_g$
3	设置初始最优$\tilde{k}_{\mathrm{I},g}$
4	do
5	$k_{\mathrm{I},g}=\tilde{k}_{\mathrm{I},g}$
6	计算$\boldsymbol{V}_g=\boldsymbol{C}_g^{\mathrm{T}}\left(I+\boldsymbol{B}_g^{\mathrm{T}}\tilde{\boldsymbol{K}}_{\mathrm{I},g}\boldsymbol{B}_g\right)^{-1}\boldsymbol{C}_g$
7	计算$\tilde{k}_{\mathrm{I},g}=k_{\mathrm{I},g}-\dfrac{\frac{\partial \boldsymbol{V}_g}{\partial \tilde{k}_{\mathrm{I},g}}}{\frac{\partial^2\left(\boldsymbol{V}_g\right)}{\partial^2\left(\tilde{k}_{\mathrm{I},g}\right)}}$
8	while $\left\|\tilde{k}_{\mathrm{I},g}-k_{\mathrm{I},g}\right\|\geqslant e$
9	g组最优折扣因子为：$\tilde{\lambda}_g=\phi b\tilde{k}_{\mathrm{I},g}+\left(1-\phi\right)\lambda_g$
10	对G&P-EWMA进行绩效评估

3.3　算例分析

本章采用所有K个产品的均方误差MSEO、组内均方误差MSEG_g及单个产

品的均方误差MSEP_j作为 G&P-EWMA 批间控制器的性能评估指标，亦即

$$\mathrm{MSEO}=\frac{\sum_{k=1}^{K}\left(\tau_{j(k)}-y(k)\right)^2}{K} \tag{3.35}$$

$$\mathrm{MSEG}_g=\frac{\sum_{k=1}^{K}\delta_{g(k),g}\left(\tau_{j(k)}-y(k)\right)^2}{\sum_{k=1}^{K}\delta_{g(k),g}}, g=1,2,\cdots,G \tag{3.36}$$

$$\mathrm{MSEP}_j=\frac{\sum_{k=1}^{K}\delta_{j(k),j}\left(\tau_{j(k)}-y(k)\right)^2}{\sum_{k=1}^{K}\delta_{j(k),j}}, j=1,2,\cdots,J \tag{3.37}$$

式中，

$$\delta_{g(k),g}=\begin{cases}1, & g(k)=g\\ 0, & \text{其他}\end{cases} \tag{3.38}$$

$$\delta_{j(k),j}=\begin{cases}1, & j(k)=j\\ 0, & \text{其他}\end{cases} \tag{3.39}$$

3.3.1　数值仿真

设某一半导体晶圆加工设备，生产 7 种规格的产品#1、#2、#3、#4、#5、#6、#7。每种规格产品的信息见表 3.3，其中#1、#2、#3 为高频产品，#4、#5、#6、#7 为低频产品[12] 。

表 3.3　7 种规格产品的信息

产品	生产频率	批次数	产品增益（β）	产品截距（α）
#1	25%	519	0.7	5
#2	31%	603	0.8	15
#3	20%	408	1.3	–9
#4	5%	104	1.4	–10
#5	6%	110	0.6	3
#6	6%	118	1.2	–8
#7	7%	139	1.3	–8

设待加工 7 种规格的产品用下述方程描述：

$$y(k)=\alpha_{j(k)}+\beta_{j(k)}u(k)+\eta(k) \tag{3.40}$$

式中，$\eta(k)$为加工设备的干扰项，用一阶求和滑动平均 IMA(1,1)的时间序列模型描述为

$$\eta(k)=\eta(k-1)+\varepsilon(k)-\theta\varepsilon(k-1) \tag{3.41}$$

式中，$\varepsilon(k)\sim N(0,\sigma^2)$为系统白噪声；$\theta\in(0,1)$为相关系数，此例中$\theta=0.4$。

G&P-EWMA 批间控制器的相关参数设置为：$d_1=5.5$，$d_2=3$，$\gamma=0.5$，$\omega=0.05$，$\phi=0.8$，所有组的折扣因子初始值$\lambda_g=0.2$，滚动窗口长度$p=100$。

采用 G&P-EWMA 算法，7 种规格的产品被自适应 k-均值聚类算法分成了 3 组(如图 3.3)，各个组中的折扣因子变化曲线如图 3.4，这三组的平均最优折扣因子$\tilde{\lambda}_g$分别为 0.68、0.53 和 0.67。

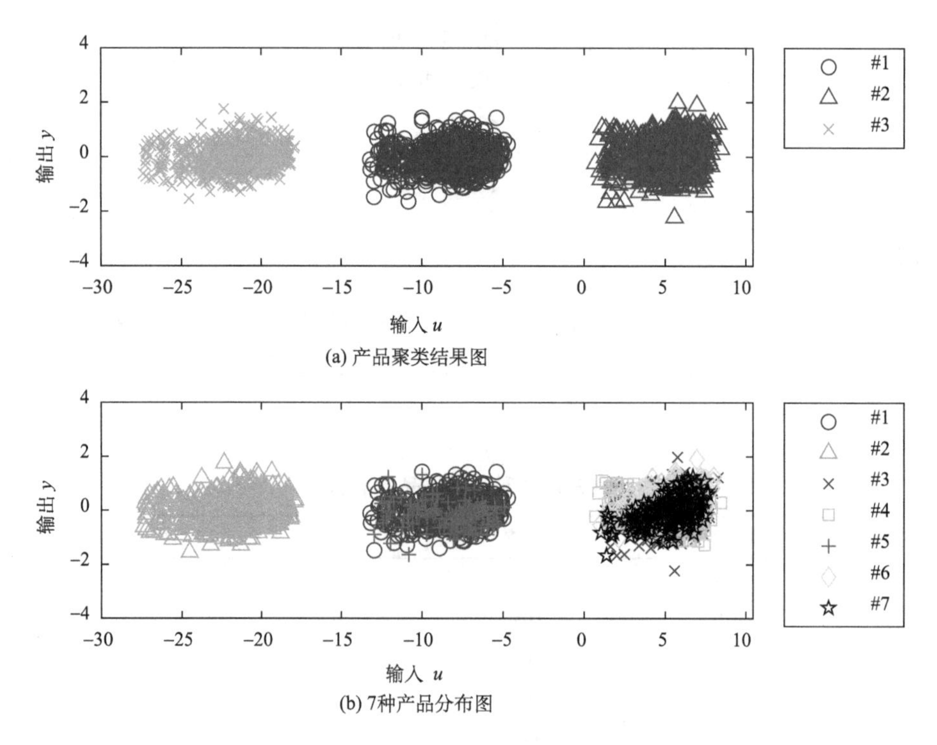

图 3.3　7 种规格产品的分布与聚类图

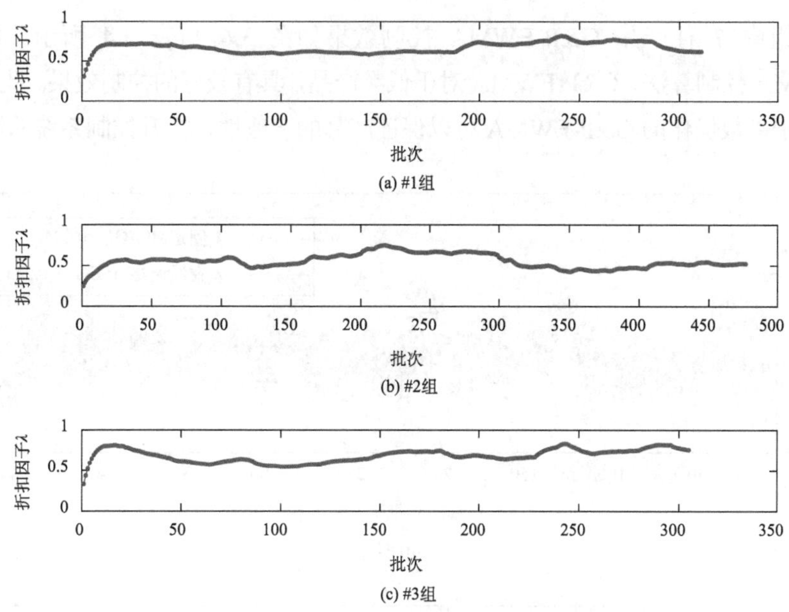

(a) #1组

(b) #2组

(c) #3组

图 3.4　3 个组中折扣因子 λ 的变化曲线

分别采用折扣因子 λ_g 在线调整的、固定的 G&P-EWMA 控制算法对这 7 种规格产品进行加工，其效果如图 3.5 所示，相对于固定 λ_g 的 G&P-EWMA 控制算法(MSEO=0.3199)，λ_g 在线调整的 G&P-EWMA 性能提升 17%(MSEO=0.2638)。

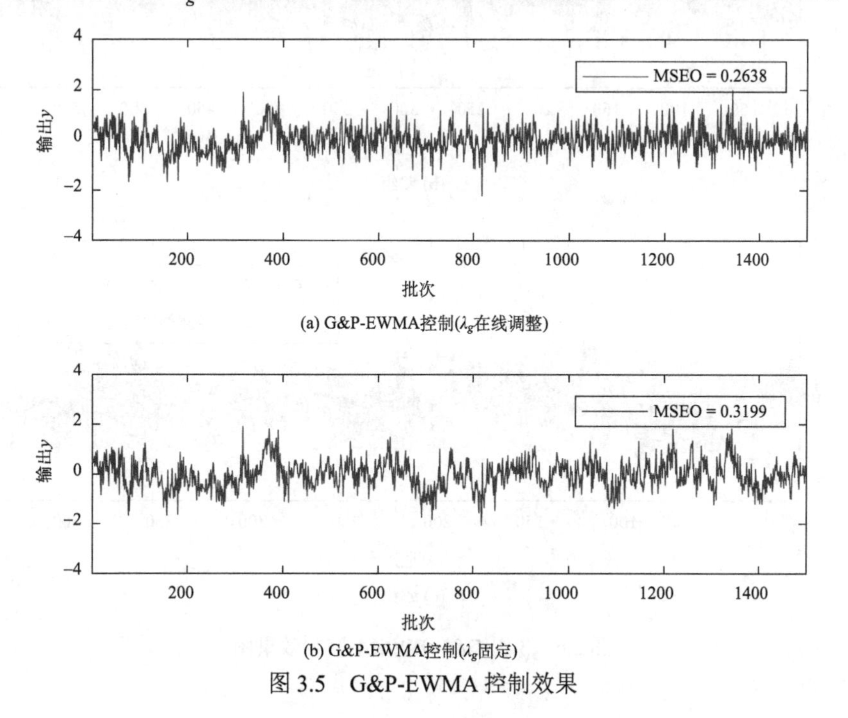

(a) G&P-EWMA控制(λ_g在线调整)

(b) G&P-EWMA控制(λ_g固定)

图 3.5　G&P-EWMA 控制效果

3 组中 7 种产品 G&P-EWMA 控制效果如图 3.6 与表 3.4 所示。相对于 Pb-EWMA 控制算法，G&P-EWMA 对于低频产品，具有较好的控制效果。此外采用折扣因子参数优化的 G&P-EWMA 可以保证产品的一致性，提升控制系统的性能。

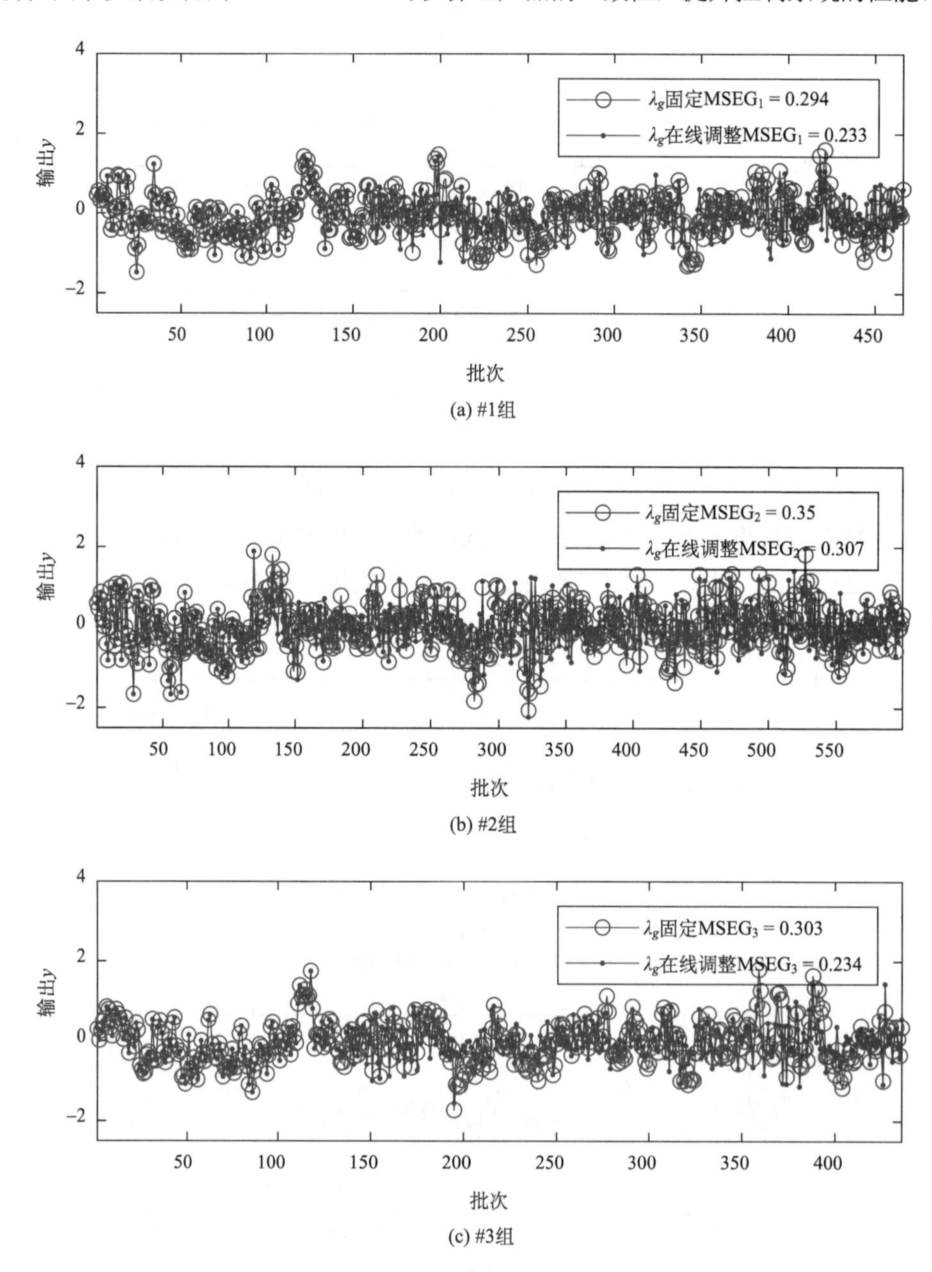

图 3.6　3 组 G&P-EWMA 控制效果图

表 3.4　7 种产品的控制效果对比表

产品	组	MSE			
		G&P-EWMA			Pb-EWMA
		λ_g 固定	λ_g 在线调整	性能提升	
#1	#1	0.283	0.200	29.27%	0.283
#2	#3	0.285	0.208	26.89%	0.285
#3	#2	0.326	0.249	23.65%	0.326
#4	#2	0.283	0.270	4.54%	0.461
#5	#1	0.276	0.233	15.57%	0.293
#6	#2	0.356	0.355	0.47%	0.865
#7	#2	0.305	0.267	12.26%	0.306

3.3.2　工业案例

为了验证 G&P-EWMA 控制算法的有效性，本节基于工业数据对产品进行逆向分析，演绎得出生产过程，并将 G&P-EWMA 方法应用到该生产过程。该案例为一光刻过程，它是利用光化学反应原理把事先制备在掩模版(简称掩模)上的图形转印到一个衬底上的过程，使选择性地刻蚀与离子注入成为可能，其具体的工艺原理如图 3.7 所示[13-15]。

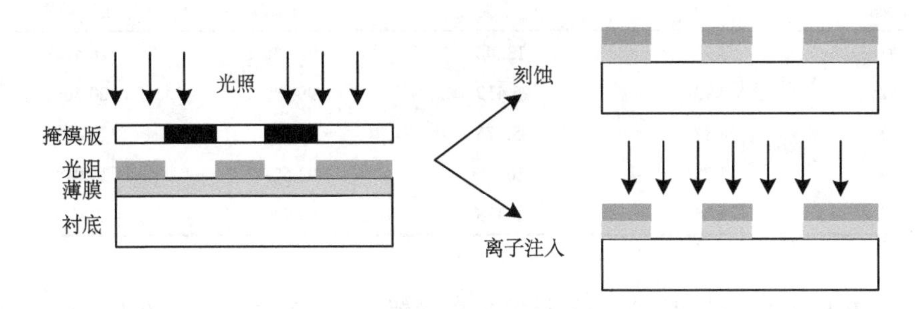

图 3.7　光刻技术的工艺原理示意图

该制程涉及 5 种规格产品，首先对收集的工业数据进行整理分析，由图 3.8 可辨识出 5 种产品的模型(见表 3.5)。不同产品其加工频率不同，其中第#5 种产品是低频产品(生产频率只有 5.45%)，而其他 4 种产品是高频产品(生产频率都超过 17%)。

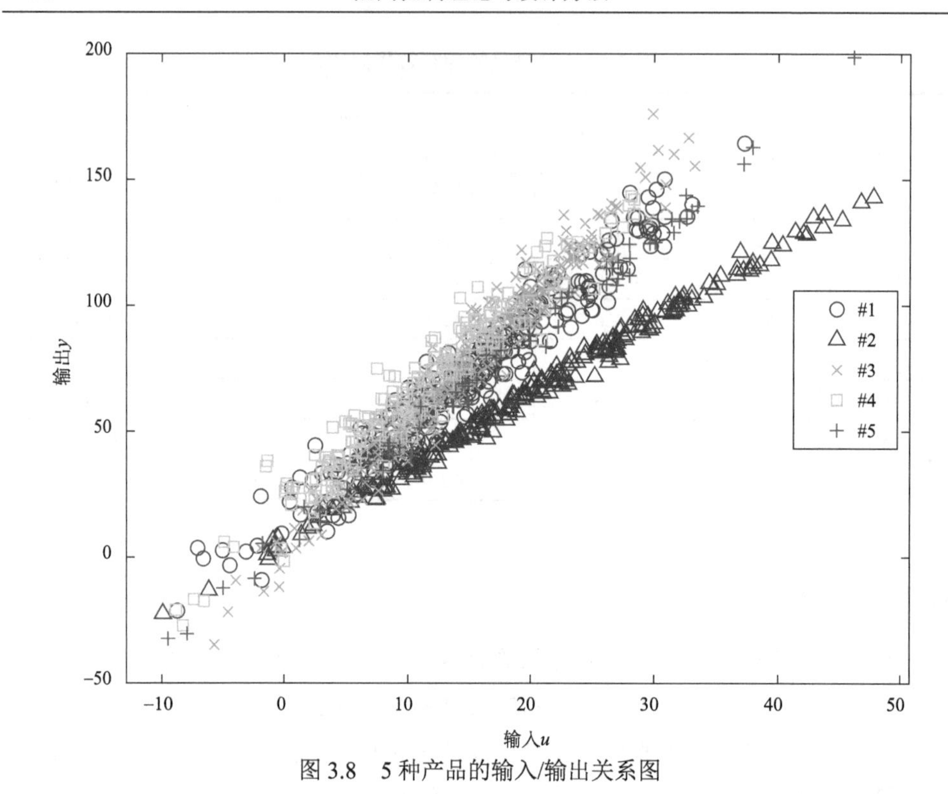

图 3.8　5 种产品的输入/输出关系图

表 3.5　光刻过程中 5 种产品的模型参数辨识

产品	增益	截距	回归系数	生产频率
#1	3.96	13.382	93.9%	26.45%
#2	2.93	6.419	99.2%	20.66%
#3	4.87	5.275	95.1%	28.43%
#4	4.28	20.503	93.5%	19.01%
#5	4.04	6.338	99.2%	5.45%

G&P-EWMA 批间控制器的相关参数设置为 $d_1 = 1.35$，$d_2 = 0.4$，$\gamma = 0.4$，$\omega = 0.05$，$\phi = 0.8$，所有组的折扣因子 $\lambda_g = 0.3$。如图 3.9 所示，5 种产品被自适应 k-均值聚类算法分成了 3 组：其中#2、#3、#5 产品聚成#1 组，#1 产品聚成#2 组，#4 产品聚成#3 组。使用 G&P-EWMA 控制算法，所有产品的均方误差为 2.2305，相比于 Pb-EWMA 控制算法（MSEO = 2.6328），其性能提升 15.28%（见图 3.10）；仅就低频产品（#5）而言，G&P-EWMA 的均方误差 $\mathrm{MSEP}_5 = 1.7344$，而 Pb-EWMA 的均方误差 $\mathrm{MSEP}_5 = 9.0856$，性能大幅度提升 80.91%（见图 3.11），保证了产品品质的一致性。

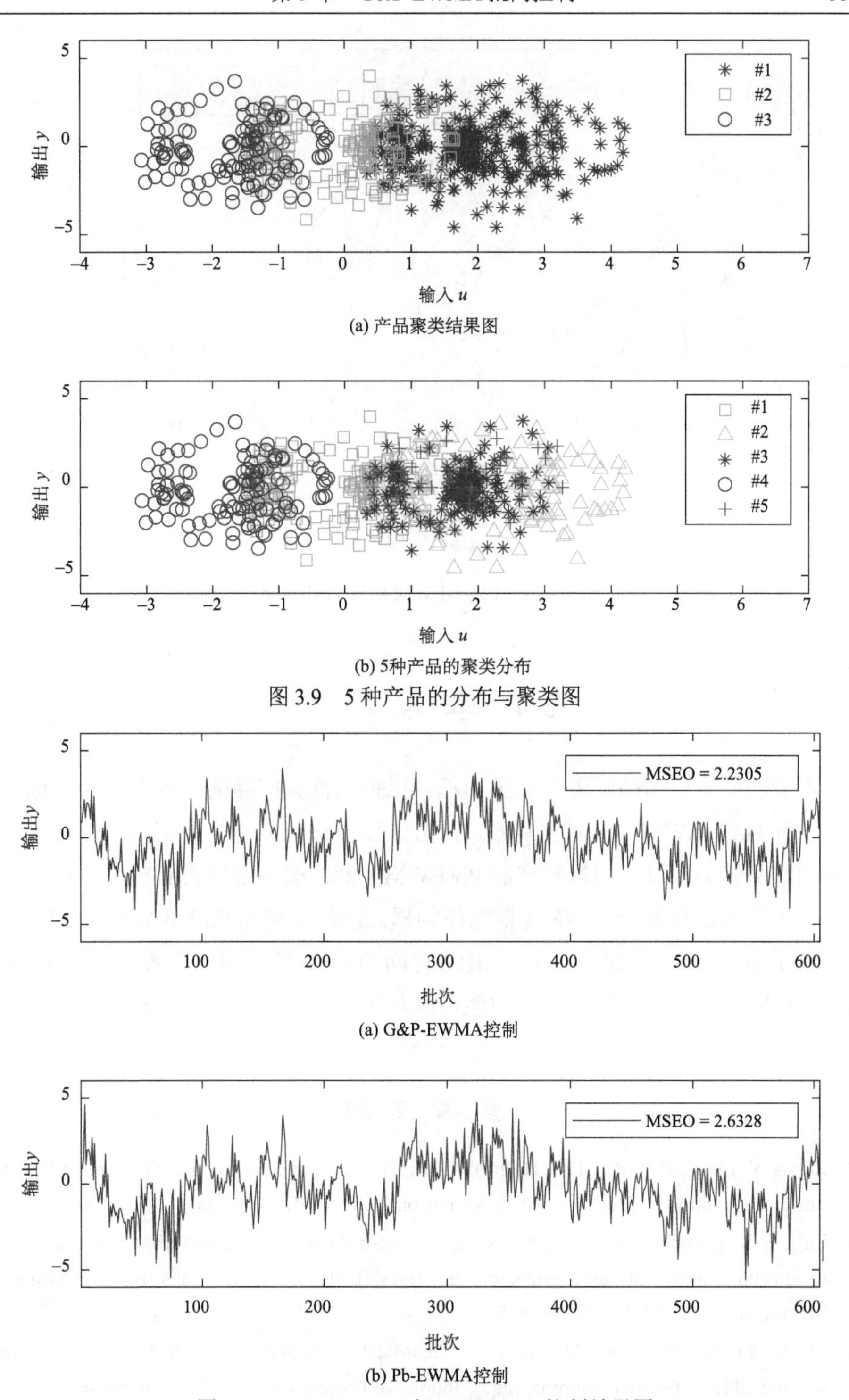

(a) 产品聚类结果图

(b) 5种产品的聚类分布

图 3.9　5 种产品的分布与聚类图

(a) G&P-EWMA控制

(b) Pb-EWMA控制

图 3.10　G&P-EWMA 与 Pb-EWMA 控制效果图

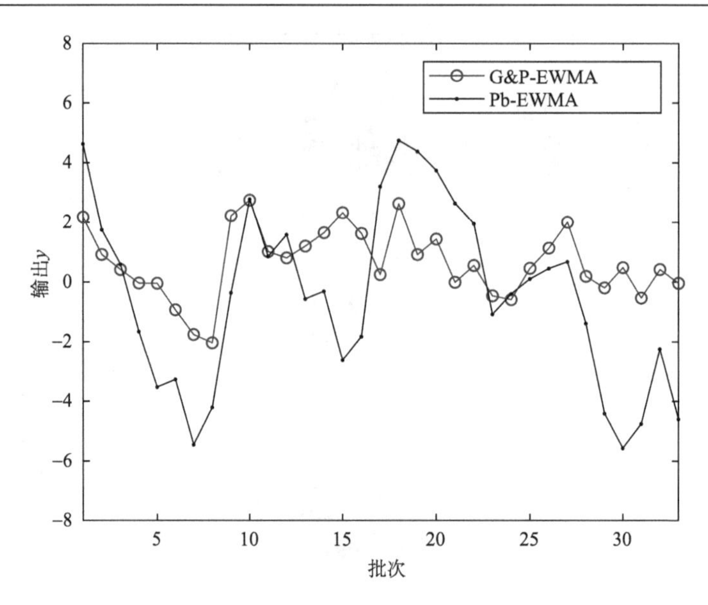

图 3.11　低频产品(#5) G&P-EWMA 与 Pb-EWMA 控制效果图

3.4 本 章 小 结

本章面向半导体晶圆混合加工制程，以抑制低频产品的制程变异为目标，发展了一种 G&P-EWMA 批间控制器。该方法以自适应 k-均值为工具，将具有相似特征的产品聚类，以增加低频产品 Pb-EWMA 滤波器参数的更新频率，对于高频产品则仍采用自身的Pb-EWMA批间控制器。此外，在证明Pb-EWMA与G-EWMA为纯积分控制器的基础上，基于滚动时间窗口数据，利用牛顿迭代法，获取 G&P-EWMA 最优的折扣因子。数值仿真与工业案例证明了所提算法可以降低制程的变异，较好地保证了各产品的品质一致性。

参 考 文 献

[1] Zheng Y, Lin Q H, Wong D S H, et al. Stability and performance analysis of mixed product run-to-run control[J]. Journal of Process Control, 2006, 16(5): 431-443.

[2] Firth S K, Campbell W J, Toprac A, et al. Just-in-time adaptive disturbance estimation for run-to-run control of semiconductor processes[J]. IEEE Transactions on Semiconductor Manufacturing, 2006, 19(3):298-315.

[3] Ma M, Chang C C, Wong D S H, et al. Identification of tool and product effects in a mixed product and parallel tool environment[J]. Journal of Process Control, 2009, 19: 591-603.

[4] Chang C C, Pan T H, Wong D S H, et al. A G&P EWMA algorithm for high-mix semiconductor manufacturing processes[J]. Journal of Process Control, 2011, 21(1): 28-35.

[5] Chang C C, Pan T H, Wong D S H, et al. An adaptive-tuning scheme for G&P EWMA run-to-run control[J]. IEEE Transactions on Semiconductor Manufacturing, 2012, 25(2): 230-237.

[6] 艾兵. 采用指数加权平均控制器的半导体生产过程的稳定性与性能分析[D]. 武汉: 华中科技大学, 2012.

[7] Bhatia S K. Adaptive K-Means Clustering[C]//Proceedings of 17th International Flairs Conference, Miami, FL, USA, 2004: 695- 699.

[8] Chen L, Ma M D, Jang S S, et al. Performance assessment of run-to-run control in semiconductor manufacturing based on IMC framework[J]. International Journal of Production Research, 2009, 47: 4173-4199.

[9] Ma M D, Chang C C, Wong D S H, et al. Threaded EWMA controller tuning and performance evaluation in a high-mixed system[J]. IEEE Transactions on Semiconductor Manufacturing, 2009, 22: 507-511.

[10] Harris T J. Assessment of control loop performance[J]. The Canadian Journal of Chemical Engineering, 1989, 67: 856-861.

[11] Prabhu A V, Edgar T F. Performance assessment of run-to-run EWMA controllers[J]. IEEE Transactions on Semiconductor Manufacturing, 2007, 20: 381-385.

[12] 张钧程. 基于分群方法的批间控制及其在高度混合半导体制程中应用[D]. 台湾: 台湾清华大学, 2012.

[13] Jiang X J. Control performance assessment of run-to-run control system used in high-mixed semiconductor manufacturing[D]. Austin: University of Texas, 2012.

[14] 卞骏. 半导体混合制程的状态估计算法研究[D]. 镇江: 江苏大学, 2015.

[15] 谭斐. 基于状态估计的批间控制器设计与性能评估[D]. 镇江: 江苏大学, 2019.

第 4 章　基于贝叶斯估计的批间控制

4.1　引　　言

随着科技的发展，半导体的晶圆生产从原来单一产品的大批量生产越来越趋向于多品种小批量的生产方式。传统的线程控制已经不能满足半导体晶圆的生产需求。在大样本的情况下传统的估计方法进行参数估计时，能取得良好的效果。而受客观因素影响，无法进行重复试验，可获得的测试数据很少时，估计精度就会下降。而如何在小样本条件下建模，进行参数估计，向研究者提出了新的挑战。事实上，小样本建模问题在社会经济系统、生物医学和化工冶炼等领域是普遍存在的[1]。贝叶斯估计理论是最早提出的一种用于小样本推断的统计方法[1]。本章介绍一种新的基于贝叶斯估计的混合制程非线程控制方法。该方法首先在 ANOVA 方法的基础上建立混合制程的空间状态模型，引入晶圆制程中常见的 IMA(1,1)扰动，获得输出相邻残差之差的协方差矩阵，获取机台与产品的相对状态，采用贝叶斯估计法实现估计状态的迭代更新，获得良好输出，且能有效避免混合制程中由于状态矩阵缺秩带来的计算问题。

4.2　基于贝叶斯估计的状态观测器

4.2.1　贝叶斯估计理论

在贝叶斯统计理论中，最主要的组成部分是先验分布和后验分布。先验分布是总体分布参数的一个概率分布，其对统计推断非常重要。它的意义在于：在利用样本信息前估计参数本身的性质。通常情况下，先验信息的选取一般是来源于经验或历史资料[2]。获取当前样本分布后，利用概率论中求解条件概率分布的方法，可获得估计参数的条件分布[3]。由于该分布是在考虑了当前样本信息的情况下获得的，所以称为后验分布[4]。

贝叶斯统计注意对先验信息的收集、加工，形成先验分布，然后将样本信息与先验分布相结合，经过贝叶斯统计的处理，形成后验分布，再进行统计推断[5]，如图 4.1 所示。

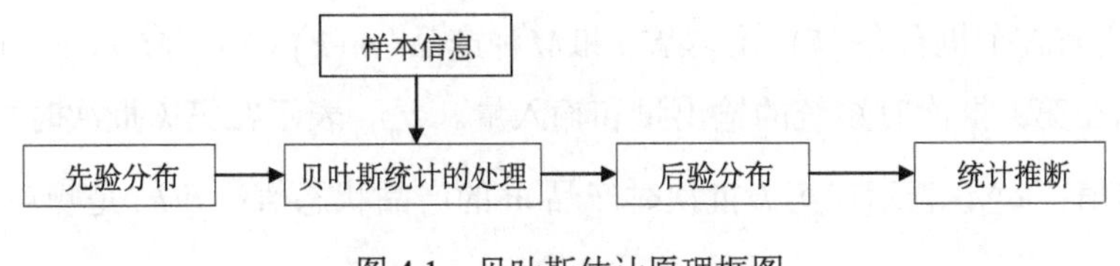

图 4.1　贝叶斯估计原理框图

贝叶斯估计方法首先设总体 X 的待估计参数是 γ，对其进行贝叶斯估计，其先验分布为 $H(\gamma)$，概率密度函数为 $\pi(\gamma)$，描述了抽取样本信息 x 前对参数 γ 的认知，是对 γ 随机性的一个总体概括。来自总体 X 的样本信息 x 是关于参数 γ 的最新认知，用此信息修正先验分布，得到后验分布 $H(\gamma|x)$ 及其概率密度函数为 $\pi(\gamma|x)$，后验分布比先验分布能够更客观地、更深入地描述 γ 的随机规律性，更加有利于参数估计。设当前样本信息 x 的边缘分布函数为 $p(x)$，当前样本信息的似然函数为 $p(x|\gamma)$[2,6]，根据贝叶斯公式，它们之间的关系可用下式描述[6]：

$$\pi(\gamma|x)=\frac{p(x|\gamma)\pi(\gamma)}{p(x)} \tag{4.1}$$

由式(4.1)可见，$\pi(\gamma|x)$ 随着 $p(x|\gamma)$ 和 $\pi(\gamma)$ 的增长而增长，随着 $p(x)$ 的增长而减少。

先验分布的选择采用共轭分布。共轭分布是数学上最方便的先验分布[2]，也符合人的直观感受，可以形成一个先验链，用现在的后验分布作为下一次的先验分布[6]。采用共轭分布的贝叶斯估计称作共轭贝叶斯估计。当进行共轭贝叶斯估计时，仅需构建先验分布和似然函数，就可以很快地得到后验分布。此外，似然函数在其中起到的作用仅仅是对先验分布进行适当的更新，而不是改变先验分布。通过后验分布经适当法则可得到共轭贝叶斯估计值。一般情况下，当平方误差损失函数为最小时，贝叶斯估计值为最优值，其具体数值为后验分布期望值，即

$$\hat{\gamma}_{\mathrm{B}}=E\left(\pi(\gamma|x)\right) \tag{4.2}$$

式中，$\hat{\gamma}_{\mathrm{B}}$ 表示的是参数 γ 的贝叶斯估计值。

4.2.2　状态空间模型

简化起见，在控制过程中，仍然只考虑产品和机台这两个因素，考虑一个单输入单输出的多机台、多产品问题，其过程可用如下线性方程式描述：

$$y(k)=\beta u(k)+a_{n(k)}^{\mathrm{t}}+a_{m(k)}^{\mathrm{p}}+\eta(k) \tag{4.3}$$

式中，假定有N个机台（$n(k)=1,\cdots,N$）和M种产品（$m(k)=1,\cdots,M$），$y(k)$和$u(k)$分别表示在第k批次时系统的输出量和输入量。$a_{n(k)}^{\mathrm{t}}$表示在第k批次时机台n的机台状态值；$a_{m(k)}^{\mathrm{p}}$表示在第k批次时产品m的产品状态值；$\eta(k)$是噪声项。

根据 ANOVA 模型[7]，式(4.3)可描述为

$$\hat{y}(k)-bu(k)=\mu+t_{n(k)}+p_{m(k)} \tag{4.4}$$

式中，μ表示所有机台和产品总的平均性能；$t_n(n=1,\cdots,N)$和$p_m(m=1,\cdots,M)$分别是机台n和产品m相对于平均值μ的偏差；与表示机台和产品绝对状态的a_n^{t}和a_m^{p}不同，t_n和p_m表示的是相对状态，并满足下列约束条件：

$$\begin{cases}\sum_{n=1}^{N} t_n=0\\ \sum_{m=1}^{M} p_m=0\end{cases} \tag{4.5}$$

同时假设t_n和p_m是相互独立的。在实际的过程中，输出量不仅与机台和产品有关，还可能受其他的因素影响，例如以前批次生产时所使用的机台[7]。根据式(4.4)，可得

$$\hat{\boldsymbol{Y}}=\begin{bmatrix} y(1)-bu(1)\\ y(2)-bu(2)\\ \vdots\\ y(k)-bu(k)\end{bmatrix}=\boldsymbol{Z}^{\mathrm{T}}\boldsymbol{x} \tag{4.6}$$

式中，

$$\boldsymbol{x}=\begin{bmatrix}\mu & t_1 & t_2 & \cdots & t_N & p_1 & p_2 & \cdots & p_M\end{bmatrix}^{\mathrm{T}} \tag{4.7}$$

$$\boldsymbol{Z}^{\mathrm{T}}=\begin{bmatrix} 1 & \delta_{1,n(1)} & \cdots & \delta_{N,n(1)} & \delta_{1,m(1)} & \cdots & \delta_{M,m(1)}\\ 1 & \delta_{1,n(2)} & \cdots & \delta_{N,n(2)} & \delta_{1,m(2)} & \cdots & \delta_{M,m(2)}\\ \vdots & \vdots & & \vdots & \vdots & & \vdots\\ 1 & \delta_{1,n(k)} & \cdots & \delta_{N,n(k)} & \delta_{1,m(k)} & \cdots & \delta_{M,m(k)}\end{bmatrix} \tag{4.8}$$

$\boldsymbol{Z}^{\mathrm{T}}$是一个关联矩阵，$\delta_{n,n(k)}$与$\delta_{m,m(k)}$是克罗内克项。$\boldsymbol{x}$是过程状态变量，其中$t_1,\cdots,t_N$表示各个机台的相对状态值，$p_1,\cdots,p_M$表示各个产品的相对状态值。在第$k$批次，如果涉及第$n(k)$个机台和第$m(k)$种产品，各自对应的克罗内克项为 1，其余设置为 0。分析可得：尽管$\boldsymbol{Z}^{\mathrm{T}}$具有$(N+M+1)$列，但由于克罗内克矩阵的特性，实际的列秩为$(N+M-1)$，因此并不满秩。

4.2.3 状态观测器设计

由于克罗内克矩阵的特性，存在：

$$\begin{cases} \sum_{j=2}^{N+1} \boldsymbol{Z}^{\mathrm{T}}{}_{ij} = 1 \\ \sum_{j=1+N}^{M+N+1} \boldsymbol{Z}^{\mathrm{T}}{}_{ij} = 1 \end{cases} \tag{4.9}$$

结合式(4.5)，通过高斯消元法，对 $\boldsymbol{x}$ 和 $\boldsymbol{Z}^{\mathrm{T}}$ 进行变换，降低空间维度，可得一组新的 $\boldsymbol{x}$ 和 $\boldsymbol{Z}^{\mathrm{T}}$，分别记作：$\boldsymbol{\phi}$ 和 $\boldsymbol{\Theta}^{\mathrm{T}}$，$\boldsymbol{\phi}$ 为过程状态变量，$\boldsymbol{\Theta}^{\mathrm{T}}$ 是观测矩阵，如式(4.10)和式(4.11)：

$$\boldsymbol{\phi} = \begin{bmatrix} \mu & t_1 & t_2 & \cdots & t_{N-1} & p_1 & p_2 & \cdots & p_{M-1} \end{bmatrix}^{\mathrm{T}} \tag{4.10}$$

$$\boldsymbol{\Theta}^{\mathrm{T}} = \begin{bmatrix} 1 & \delta_{1,n(1)} & \cdots & \delta_{N-1,n(1)} & \delta_{1,m(1)} & \cdots & \delta_{M-1,m(1)} \\ 1 & \delta_{1,n(2)} & \cdots & \delta_{N-1,n(2)} & \delta_{1,m(2)} & \cdots & \delta_{M-1,m(2)} \\ \vdots & \vdots & & \vdots & \vdots & & \vdots \\ 1 & \delta_{1,n(k)} & \cdots & \delta_{N-1,n(k)} & \delta_{1,m(k)} & \cdots & \delta_{M-1,m(k)} \end{bmatrix} \tag{4.11}$$

式中，

$$\delta_{i,n(c)} = \begin{cases} 1 & i = n(c) \ \& \ n(c) \neq N \\ 0 & i \neq n(c) \ \& \ n(c) \neq N \\ -1 & n(c) = N \end{cases} \tag{4.12}$$

$$\delta_{j,m(c)} = \begin{cases} 1 & j = m(c) \ \& \ m(c) \neq M \\ 0 & j \neq m(c) \ \& \ m(c) \neq M \\ -1 & m(c) = M \end{cases} \tag{4.13}$$

式中，$n(c)$ 和 $m(c)$ 表示第 c 批次所用的机台和产品的序列编号，而 $\delta = -1$ 的情形则是 ANOVA 限制条件的体现。

设定 ANOVA 的状态空间模型为

$$\begin{cases} \boldsymbol{\phi}(k+1) = \boldsymbol{\phi}(k) + \boldsymbol{w}(k) \\ Y(k) = \boldsymbol{\Theta}^{\mathrm{T}}(k)\boldsymbol{\phi}(k) + \eta(k) \end{cases} \tag{4.14}$$

式中，$\boldsymbol{w}(k) \sim N(0, \boldsymbol{Q})$ 为过程噪声；$\eta(k)$ 为符合 IMA(1,1) 时间序列模型的测量噪声，如式(4.15)：

$$\eta(k)-\eta(k-1)=\varepsilon(k)-\theta\varepsilon(k-1) \tag{4.15}$$

式中，$\varepsilon(k)\sim N(0,\sigma^2)$，$\theta\in(0,1)$。

由于 IMA(1,1) 过程是非平稳序列，因此不能直接确定 $Y(k)$ 的分布。但是，可以求得 $(\eta(k)-\eta(k-1))$ 的分布为

$$(\eta(k)-\eta(k-1))\in N(0,\sigma^2(1+\theta^2)) \tag{4.16}$$

求其一阶协方差：

$$E(\eta(k)-\eta(k-1))(\eta(k-1)-\eta(k-2))=-\sigma^2\theta \tag{4.17}$$

其余更高阶的自协方差为 0，这是一个滞后分布的模型，可以通过这个模型确定 $\Delta Y(k)=Y(k)-Y(k-1)$ 的分布。

在使用贝叶斯估计法更新机台和产品的状态时，$\boldsymbol{\phi}$ 的先验分布是未知的，所以可以假设 $\boldsymbol{\phi}_0\sim N(\alpha_0,I)$，$\alpha_0$ 表示初始设定值。在不断更新参数的过程中，初始假设的影响会逐渐减小。

假设已生产了 k 个批次，设置一个长度为 $s(s<k)$ 数据窗口：

$$\begin{aligned}\Delta\boldsymbol{Y}(k)&=\boldsymbol{Y}(k)-\boldsymbol{Y}(k-1)\\&=\bar{\boldsymbol{\Theta}}(k)\hat{\boldsymbol{\phi}}(k)-\bar{\boldsymbol{\Theta}}(k-1)\hat{\boldsymbol{\phi}}(k-1)\\&=\begin{bmatrix}y(k-s+1)-bu(k-s+1)\\y(k-s+2)-bu(k-s+2)\\\vdots\\y(k)-bu(k)\end{bmatrix}-\begin{bmatrix}y(k-s)-bu(k-s)\\y(k-s+1)-bu(k-s+1)\\\vdots\\y(k-1)-bu(k-1)\end{bmatrix}\end{aligned} \tag{4.18}$$

式中，

$$\bar{\boldsymbol{\Theta}}(k)=\begin{bmatrix}\boldsymbol{\Theta}^{\mathrm{T}}(k-s+1)\\\boldsymbol{\Theta}^{\mathrm{T}}(k-s+2)\\\vdots\\\boldsymbol{\Theta}^{\mathrm{T}}(k)\end{bmatrix},\quad \bar{\boldsymbol{\Theta}}(k-1)=\begin{bmatrix}\boldsymbol{\Theta}^{\mathrm{T}}(k-s)\\\boldsymbol{\Theta}^{\mathrm{T}}(k-s+1)\\\vdots\\\boldsymbol{\Theta}^{\mathrm{T}}(k-1)\end{bmatrix} \tag{4.19}$$

根据式(4.16)～式(4.19)可得

$$(\boldsymbol{Y}(k)-\boldsymbol{Y}(k-1))\sim N(\bar{\boldsymbol{\Theta}}(k)\hat{\boldsymbol{\phi}}(k)-\bar{\boldsymbol{\Theta}}(k-1)\hat{\boldsymbol{\phi}}(k-1),\boldsymbol{R}) \tag{4.20}$$

式中，协方差矩阵为

$$
\boldsymbol{R}=\sigma^2\begin{bmatrix}1+\theta^2 & -\theta & 0 & \cdots & 0 & 0\\ -\theta & 1+\theta^2 & -\theta & \cdots & 0 & 0\\ 0 & -\theta & 1+\theta^2 & \cdots & 0 & 0\\ \vdots & \vdots & \vdots & & \vdots & \vdots\\ 0 & 0 & 0 & \cdots & 1+\theta^2 & -\theta\\ 0 & 0 & 0 & \cdots & -\theta & 1+\theta^2\end{bmatrix}_{s\times s} \tag{4.21}
$$

证明： 由 IMA(1,1)的数学表达式(4.15)可知，$\varepsilon(k)\in\left(0,\sigma^2\right)$是独立正态分布。而 $\varepsilon(k)-\theta\varepsilon(k-1)$ 的均值是 0，方差是 $\sigma^2\left(1+\theta^2\right)$，一阶自协方差为 $E\big(\varepsilon(k)-\theta\varepsilon(k-1)\big)\big(\varepsilon(k-1)-\theta\varepsilon(k-2)\big)=-\sigma^2\theta$，其余更高阶的自协方差均为 0。于是对于 s 窗口里的批次$(k-s+1,k-s+2,\cdots,k)$，其自协方差矩阵为

$$
\boldsymbol{\Sigma}=\begin{bmatrix}\sigma_{11} & \sigma_{12} & \cdots & \sigma_{1s}\\ \sigma_{21} & \sigma_{22} & \cdots & \sigma_{2s}\\ \vdots & \vdots & & \vdots\\ \sigma_{s1} & \sigma_{s2} & \cdots & \sigma_{ss}\end{bmatrix}_{s\times s}
$$

式中，

$$\sigma_{11}=E\big(\varepsilon(k-s+1)-\theta\varepsilon(k-s)\big)\big(\varepsilon(k-s+1)-\theta\varepsilon(k-s)\big)=\sigma^2\left(1+\theta^2\right)$$

$$\sigma_{12}=E\big(\varepsilon(k-s+1)-\theta\varepsilon(k-s)\big)\big(\varepsilon(k-s+2)-\theta\varepsilon(k-s+1)\big)=-\sigma^2\theta$$

$$\sigma_{13}=\sigma_{14}=\cdots=\sigma_{1s}=0$$

$$\sigma_{21}=E\big(\varepsilon(k-s+2)-\theta\varepsilon(k-s+1)\big)\big(\varepsilon(k-s+1)-\theta\varepsilon(k-s)\big)=-\sigma^2\theta$$

$$\sigma_{22}=E\big(\varepsilon(k-s+2)-\theta\varepsilon(k-s+1)\big)\big(\varepsilon(k-s+2)-\theta\varepsilon(k-s+1)\big)=\sigma^2\left(1+\theta^2\right)$$

$$\sigma_{23}=E\big(\varepsilon(k-s+2)-\theta\varepsilon(k-s+1)\big)\big(\varepsilon(k-s+3)-\theta\varepsilon(k-s+2)\big)=-\sigma^2\theta$$

$$\sigma_{24}=\sigma_{25}=\cdots=\sigma_{2s}=0$$

…

同理可得到 $\boldsymbol{\Sigma}$ 中各个参数的值，最终结果为

$$
\boldsymbol{\Sigma}=\sigma^2\begin{bmatrix}1+\theta^2 & -\theta & 0 & \cdots & 0 & 0\\ -\theta & 1+\theta^2 & -\theta & \cdots & 0 & 0\\ 0 & -\theta & 1+\theta^2 & \cdots & 0 & 0\\ \vdots & \vdots & \vdots & & \vdots & \vdots\\ 0 & 0 & 0 & \cdots & 1+\theta^2 & -\theta\\ 0 & 0 & 0 & \cdots & -\theta & 1+\theta^2\end{bmatrix}_{s\times s}
$$

证毕。

根据贝叶斯估计理论[8-10]，状态估计问题是根据已有数据 $\Delta\boldsymbol{Y}(k)$ 计算当前状态 $\hat{\boldsymbol{\phi}}(k)$ 的可信度，通过已有的先验知识对未来状态进行预测，再利用最新的测量值对概率密度进行更新修正[11]，可得

$$p\left(\hat{\boldsymbol{\phi}}(k)\mid\Delta\boldsymbol{Y}(k)\right)=\frac{p\left(\hat{\boldsymbol{\phi}}(k)\mid\Delta\boldsymbol{Y}(k-1)\right)p\left(\Delta Y(k)\mid\hat{\boldsymbol{\phi}}(k)\right)}{p\left(\Delta\boldsymbol{Y}(k)\right)} \tag{4.22}$$

式中，$p\left(\hat{\boldsymbol{\phi}}(k)\mid\Delta\boldsymbol{Y}(k)\right)$ 表示 $\hat{\boldsymbol{\phi}}(k)$ 的先验概率；$p\left(\Delta\boldsymbol{Y}(k)\mid\hat{\boldsymbol{\phi}}(k)\right)$ 代表 $\hat{\boldsymbol{\phi}}(k)$ 的似然函数；$p\left(\Delta\boldsymbol{Y}(k)\right)$ 表示 $\Delta\boldsymbol{Y}(k)$ 的先验分布，其可以根据已有的输出数据获得，在后面的公式推导中可以看作一个常量。$p\left(\hat{\boldsymbol{\phi}}(k)\mid\Delta\boldsymbol{Y}(k-1)\right)$ 和 $p\left(\Delta\boldsymbol{Y}(k)\right)$ 都可以通过前 $(k-1)$ 个批次得到的信息获得。

将式(4.22)变换可得

$$p\left(\hat{\boldsymbol{\phi}}(k)\mid\Delta\boldsymbol{Y}(k)\right)\propto p\left(\hat{\boldsymbol{\phi}}(k)\mid\Delta\boldsymbol{Y}(k-1)\right)p\left(\Delta Y(k)\mid\hat{\boldsymbol{\phi}}(k)\right) \tag{4.23}$$

假设 $\hat{\boldsymbol{\phi}}(k)$ 的先验分布是自然共轭分布，即参数的先验概率密度与后验概率密度服从同一形式的分布函数[9,12]。在长度为 s 的数据窗口里，设 $\boldsymbol{\phi}$ 的初始先验分布为 $\boldsymbol{\phi}_0\sim N(\boldsymbol{\alpha}_0,I)$（$\alpha_0$ 是设定的初始值），$\left(\hat{\boldsymbol{\phi}}(k-1)\mid\Delta\boldsymbol{Y}(k-1)\right)\sim N\left(\alpha(k-1),\boldsymbol{V}(k-1)\right)$，其中 $\hat{\boldsymbol{\phi}}(k-1)$ 的值为 $\alpha(k-1)$。这样可以得到 $\hat{\boldsymbol{\phi}}(k)$ 的先验分布服从 $p\left(\hat{\boldsymbol{\phi}}(k)\mid\Delta\boldsymbol{Y}(k-1)\right)\sim N\left(\alpha(k-1),\boldsymbol{P}\right)$，根据空间状态表达式(4.14)可知 $\boldsymbol{P}=\boldsymbol{V}(k-1)+\boldsymbol{Q}$，$\boldsymbol{Q}$ 是 $w(k)$ 的协方差矩阵。

当获得新的输出值 $\boldsymbol{Y}(k)$ 后，根据式(4.18)获得新的 $\Delta\boldsymbol{Y}(k)$，利用式(4.22)来更新 $\hat{\boldsymbol{\phi}}(k)$，根据

$$p\left(\hat{\boldsymbol{\phi}}(k)\mid\Delta\boldsymbol{Y}(k-1)\right)\propto\exp\left\{-\frac{1}{2}\left(\hat{\boldsymbol{\phi}}(k)-\boldsymbol{\alpha}(k-1)\right)^{\mathrm{T}}\boldsymbol{P}^{-1}\left(\hat{\boldsymbol{\phi}}(k)-\boldsymbol{\alpha}(k-1)\right)\right\} \tag{4.24}$$

$$\begin{aligned}p\left(\Delta\boldsymbol{Y}(k)\mid\hat{\boldsymbol{\phi}}(k)\right)\propto\exp&\left\{-\frac{1}{2}\left(\Delta\boldsymbol{Y}(k)+\bar{\boldsymbol{\Theta}}(k-1)\hat{\boldsymbol{\phi}}(k-1)-\bar{\boldsymbol{\Theta}}(k)\hat{\boldsymbol{\phi}}(k)\right)^{\mathrm{T}}\right.\\&\left.\times\boldsymbol{R}^{-1}\left(\Delta\boldsymbol{Y}(k)+\bar{\boldsymbol{\Theta}}(k-1)\hat{\boldsymbol{\phi}}(k-1)-\bar{\boldsymbol{\Theta}}(k)\hat{\boldsymbol{\phi}}(k)\right)\right\}\end{aligned} \tag{4.25}$$

将式(4.24)、式(4.25)代入式(4.23)，计算变换可得

$$
\begin{aligned}
&-2\ln\left[p\left(\hat{\boldsymbol{\phi}}(k)\mid\Delta\boldsymbol{Y}(k)\right)\right]=\left(\hat{\boldsymbol{\phi}}(k)-\boldsymbol{\alpha}(k-1)\right)^{\mathrm{T}}\boldsymbol{P}^{-1}\left(\hat{\boldsymbol{\phi}}(k)-\boldsymbol{\alpha}(k-1)\right)\\
&+\left(\Delta\boldsymbol{Y}(k)+\bar{\boldsymbol{\Theta}}(k-1)\hat{\boldsymbol{\phi}}(k-1)-\bar{\boldsymbol{\Theta}}(k)\hat{\boldsymbol{\phi}}(k)\right)^{\mathrm{T}}\\
&\boldsymbol{R}^{-1}\left(\Delta\boldsymbol{Y}(k)+\bar{\boldsymbol{\Theta}}(k-1)\hat{\boldsymbol{\phi}}(k-1)-\bar{\boldsymbol{\Theta}}(k)\hat{\boldsymbol{\phi}}(k)\right)+\Delta\\
&=\hat{\boldsymbol{\phi}}^{\mathrm{T}}(k)\left(\boldsymbol{P}^{-1}+\bar{\boldsymbol{\Theta}}^{\mathrm{T}}(k)\boldsymbol{R}^{-1}\bar{\boldsymbol{\Theta}}(k)\right)\hat{\boldsymbol{\phi}}(k)\\
&-2\hat{\boldsymbol{\phi}}^{\mathrm{T}}(k)\left[\boldsymbol{P}^{-1}\boldsymbol{\alpha}(k-1)+\bar{\boldsymbol{\Theta}}^{\mathrm{T}}(k)\boldsymbol{R}^{-1}\left(\Delta\boldsymbol{Y}(k)+\bar{\boldsymbol{\Theta}}(k-1)\hat{\boldsymbol{\phi}}(k-1)\right)\right]+\Delta
\end{aligned}
\tag{4.26}
$$

式中，Δ 是与 $\hat{\boldsymbol{\phi}}(k)$ 无关的常数项。

根据自然共轭分布假设，$p\left(\hat{\boldsymbol{\phi}}(k)\mid\Delta\boldsymbol{Y}(k)\right)$ 服从 $p\left(\hat{\boldsymbol{\phi}}(k)\mid\Delta\boldsymbol{Y}(k)\right)\sim N\left(\alpha(k),\boldsymbol{V}(k)\right)$，利用对数变换，可得

$$
-2\ln\left[\boldsymbol{p}\left(\hat{\boldsymbol{\phi}}(k)\mid\Delta\boldsymbol{Y}(k)\right)\right]=\hat{\boldsymbol{\phi}}^{\mathrm{T}}(k)\boldsymbol{V}^{-1}(k)\hat{\boldsymbol{\phi}}(k)-2\hat{\boldsymbol{\phi}}^{\mathrm{T}}(k)\boldsymbol{V}^{-1}(k)\boldsymbol{\alpha}(k)+\bar{\Delta}
\tag{4.27}
$$

式中，$\bar{\Delta}$ 为常量。

比较式(4.26)与式(4.27)，可得

$$
\boldsymbol{V}(k)=\left(\boldsymbol{P}^{-1}+\bar{\boldsymbol{\Theta}}^{\mathrm{T}}(k)\boldsymbol{R}^{-1}\bar{\boldsymbol{\Theta}}(k)\right)^{-1}
\tag{4.28}
$$

$$
\boldsymbol{\alpha}(k)=\boldsymbol{V}(k)\left[\boldsymbol{P}^{-1}\boldsymbol{\alpha}(k-1)+\bar{\boldsymbol{\Theta}}^{\mathrm{T}}(k)\boldsymbol{R}^{-1}\left(\Delta\boldsymbol{Y}(k)+\bar{\boldsymbol{\Theta}}(k-1)\hat{\boldsymbol{\phi}}(k-1)\right)\right]
\tag{4.29}
$$

因为 $\hat{\boldsymbol{\phi}}(k-1)$ 的值为 $\boldsymbol{\alpha}(k-1)$，式(4.29)可以变换成：

$$
\boldsymbol{\alpha}(k)=\boldsymbol{V}(k)\left[\boldsymbol{P}^{-1}\boldsymbol{\alpha}(k-1)+\bar{\boldsymbol{\Theta}}^{\mathrm{T}}(k)\boldsymbol{R}^{-1}\left(\Delta\boldsymbol{Y}(k)+\bar{\boldsymbol{\Theta}}(k-1)\boldsymbol{\alpha}(k-1)\right)\right]
\tag{4.30}
$$

这时，利用批间控制可得下一批次的预计输入值：

$$
u(k+1)=\frac{\tau-\boldsymbol{\Theta}^{\mathrm{T}}(k+1)\boldsymbol{\alpha}(k)-\mathrm{error}(k)}{b}
\tag{4.31}
$$

式中，$\mathrm{error}(k)$ 是通过 EWMA 滤波器更新获得

$$
\mathrm{error}(k)=\lambda\left(y(k)-\hat{y}(k)\right)+(1-\lambda)\mathrm{error}(k-1)
\tag{4.32}
$$

式中，λ 为折扣因子，$0\leqslant\lambda\leqslant1$。关于折扣因子的最优选择，文献[13]提出在模型不匹配参数 $0<\dfrac{\beta}{b}<2$ 的条件下，EWMA 批间控制器的最佳折扣因子可以是 $\lambda=b(1-\theta)/\beta$。

综上所述，每获得一个新的测量值 $y(k)$ 后，便可重复上述方法获得下一批次的控制输入，具体算法步骤见表 4.1。

表 4.1 贝叶斯估计算法的伪代码

1	初始化控制器的参数 σ^2，θ，α_0，s
	for $j=k-(s-1)$ to k
	根据获得的第 k 批次的输出 $y(k)$
	计算更新 $\Delta\boldsymbol{Y}(k)$
2	$\Delta\boldsymbol{Y}(k)=\boldsymbol{Y}(k)-\boldsymbol{Y}(k-1)$ $=\begin{bmatrix} y(k-s+1)-bu(k-s+1) \\ y(k-s+2)-bu(k-s+2) \\ \vdots \\ y(k)-bu(k) \end{bmatrix}-\begin{bmatrix} y(k-s)-bu(k-s) \\ y(k-s+1)-bu(k-s+1) \\ \vdots \\ y(k-1)-bu(k-1) \end{bmatrix}$
	end
3	根据式(4.20)和 $\Delta\boldsymbol{Y}(k)$，构建协方差矩阵 $\boldsymbol{R}$，并求取 $\boldsymbol{R}^{-1}$
	根据式(4.26)与式(4.27)，计算 $\boldsymbol{V}(k)=\left(\boldsymbol{P}^{-1}+\bar{\boldsymbol{\Theta}}^{\mathrm{T}}(k)\boldsymbol{R}^{-1}\bar{\boldsymbol{\Theta}}(k)\right)^{-1}$
4	更新 $\boldsymbol{P}$ 值：$\boldsymbol{P}=\boldsymbol{V}(k-1)+\boldsymbol{Q}$
5	计算 $\boldsymbol{\alpha}(k)=\boldsymbol{V}(k)\left[\boldsymbol{P}^{-1}\boldsymbol{\alpha}(k-1)+\bar{\boldsymbol{\Theta}}^{\mathrm{T}}(k)\boldsymbol{R}^{-1}\left(\Delta\boldsymbol{Y}(k)+\bar{\boldsymbol{\Theta}}(k-1)\boldsymbol{\alpha}(k-1)\right)\right]$
6	计算控制器输入：$u(k+1)=\dfrac{\tau-\boldsymbol{\Theta}^{\mathrm{T}}(k+1)\boldsymbol{\alpha}(k)-\mathrm{error}(k)}{b}$
7	更新滤波器误差：$\mathrm{error}(k)=\lambda\left(y(k)-\hat{y}(k)\right)+(1-\lambda)\mathrm{error}(k-1)$
8	返回第 2 步，直至全部批次完成

由上述分析可知，此算法无需进行状态矩阵的逆运算，减少了在线计算量，同时也不需要增加额外的限制条件来满足系统状态矩阵的可观性。在卡尔曼滤波算法和最小二乘法中，测量噪声的方差通常被设定成一个固定标量值或单位矩阵；贝叶斯估计法则是通过将相邻批次输出做差运算，使制程中常见的测量噪声IMA(1,1)扰动[14]转换成高斯白噪声后，利用滑窗法，再确定噪声方差 $\boldsymbol{R}$。

4.3 算例分析

仿真采用了两个机台(T1, T2)和四种晶圆(P1, P2, P3, P4)进行仿真验证。机台与晶圆的生产频率分别为[0.5,0.5]与[0.2,0.2,0.3,0.3]。假设机台初始截距值为 $\left[a_1^t,a_2^t\right]=[3,5]$，产品初始截距值为 $\left[a_1^p,a_2^p,a_3^p,a_4^p\right]=[2,4,6,8]$，系统目标值 τ=0，增益 $\beta=b=1$，折扣因子 $\lambda=0.5$；总的生产批次为 N=500；噪声采用 IMA(1,1) 模型，参数为 $\sigma^2=0.04$，$\theta=0.4$。在实际生产过程中，机台的老化、预防性维护等状态，在仿真中用漂移扰动和跳变扰动来模拟。假设仿真过程中无测量时延。

4.3.1 机台跳变扰动

在半导体晶圆生产过程中，严重的跳变扰动通常发生于机台预防性维护后。通过在仿真条件中加入阶跃跳变来模拟这种变化。假设在第 150 批次，机台 T1 加入幅值为 5 的跳变；在第 300 批次，机台 T2 加入幅值为 10 的跳变。仿真结果分别如图 4.2、图 4.3 所示。

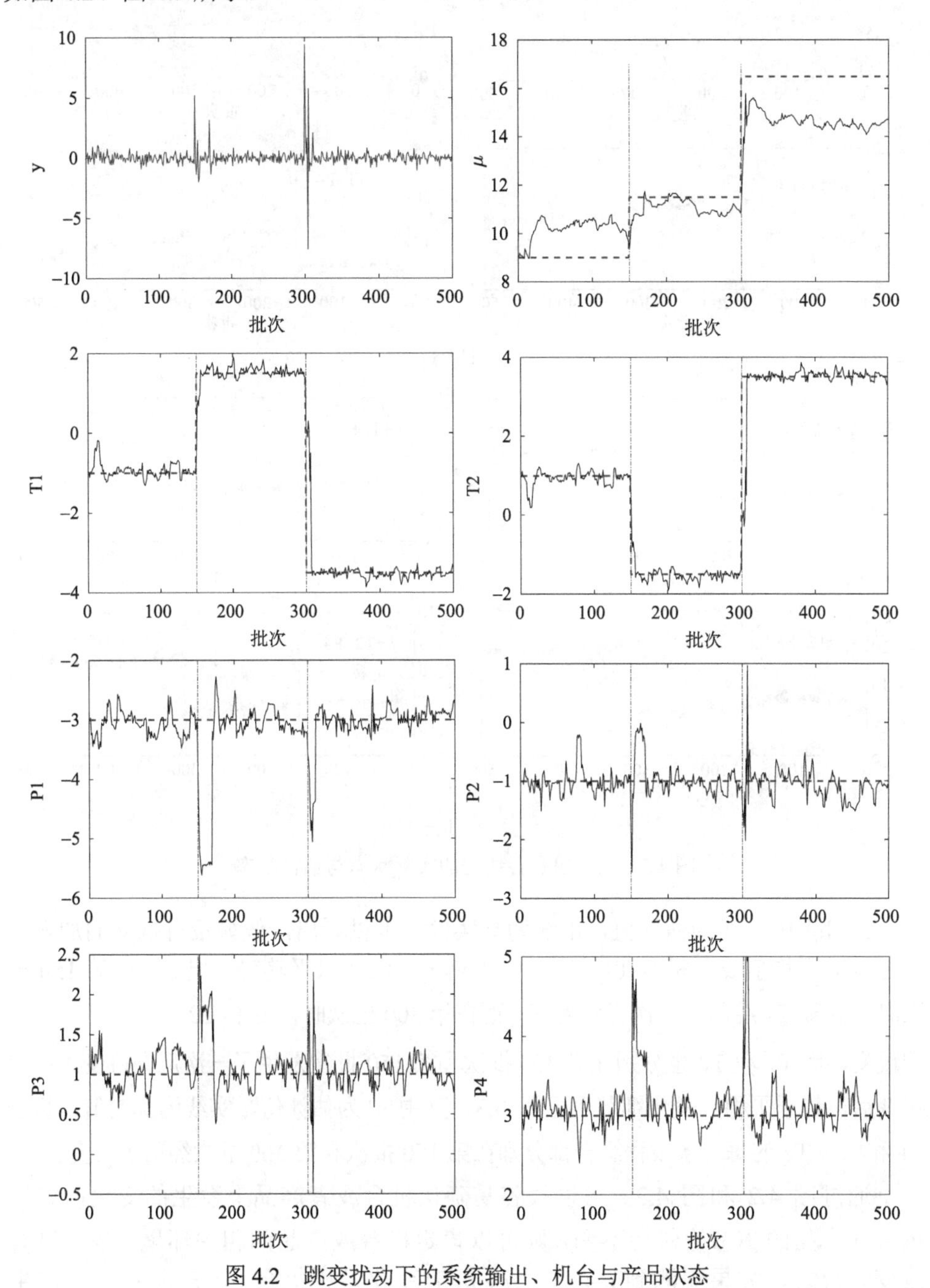

图 4.2　跳变扰动下的系统输出、机台与产品状态

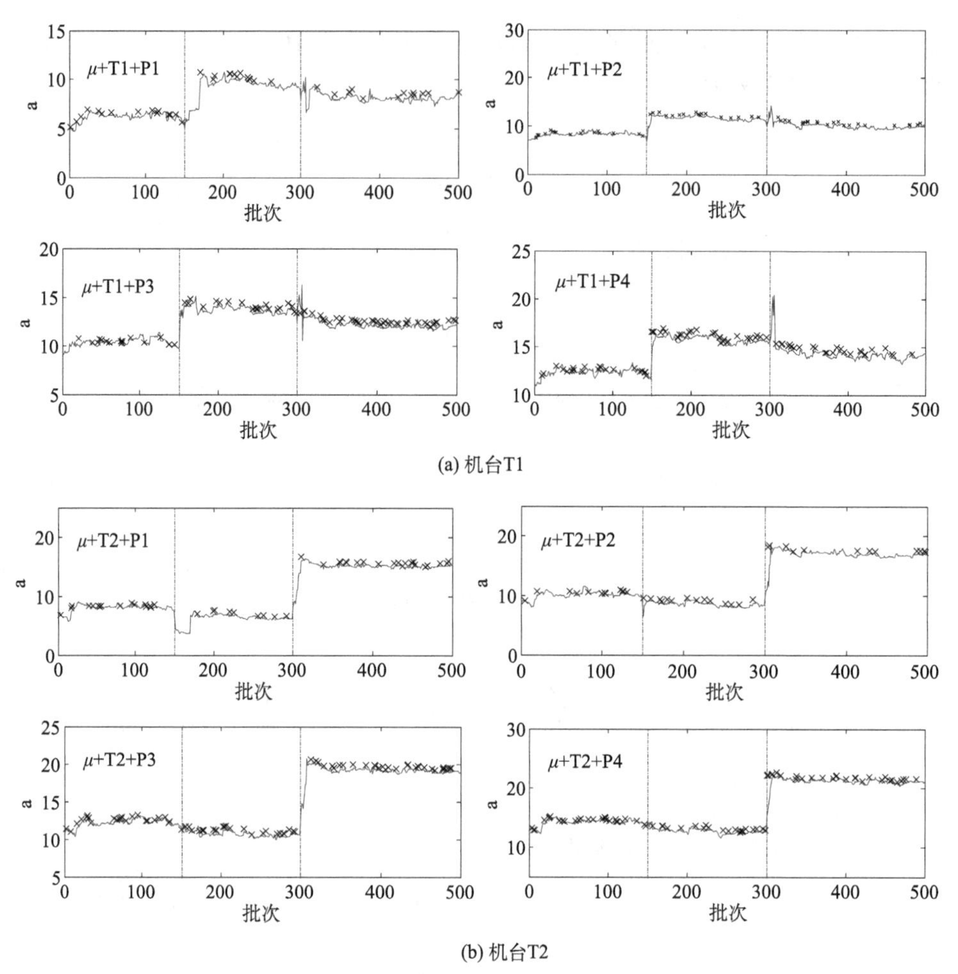

(a) 机台T1

(b) 机台T2

图 4.3　两个机台各线程的实际状态与估计状态

图 4.2 中实线为估计值，虚线为真实值。可以看出，假如没有扰动的加入，则总扰动平均值 μ、机台 T1 和机台 T2 应一直保持水平趋势。但是，在第 150 批次时，μ 和 T1 经历了一次正向跳变，而在第 300 批次时，μ 和 T2 也经历了一次正向跳变，而 T1 和 T2 也分别在第 300 批次和第 150 批次发生了一次反向跳变，小幅振荡后，趋于平稳。变化细节可见图 4.3，其中'×'为估计值，实线为真实值。机台 T1 和机台 T2 的每一条线程组合都分别在第 150 批次和第 300 批次经历了跳变。

通过图 4.2 和图 4.3，可以很容易确认机台或者产品上发生的变化，如果机台或产品的状态值保持不变，则可以肯定机台或产品的相关环境、条件没有改变。反之，如果观测到 $\mu+t_n$、$\mu+p_m$ 有变化，则机台 n、产品 m 一定产生了某种变化。

4.3.2　机台漂移扰动

在仿真实验中，常用漂移扰动来模拟实际生产过程中的机台老化或化学抛光过程状态[7,15]。一段时间后，机台维护保养，设备的参数会被重置。这一过程将会使线程状态呈现出一个漂移扰动，带来品控问题[16]。假设机台 T1 和机台 T2 分别经历了斜率为 0.1 和 0.2 的漂移扰动，机台 T1 每隔 200 个批次参数恢复初始值，机台 T2 每隔 100 个批次参数恢复初始值。初始值如 4.3.1 节中所设。仿真结果如图 4.4 和图 4.5 所示。图 4.4 中实线为估计值，虚线为真实值。可以看出，估计值对实际值的跟踪效果良好。

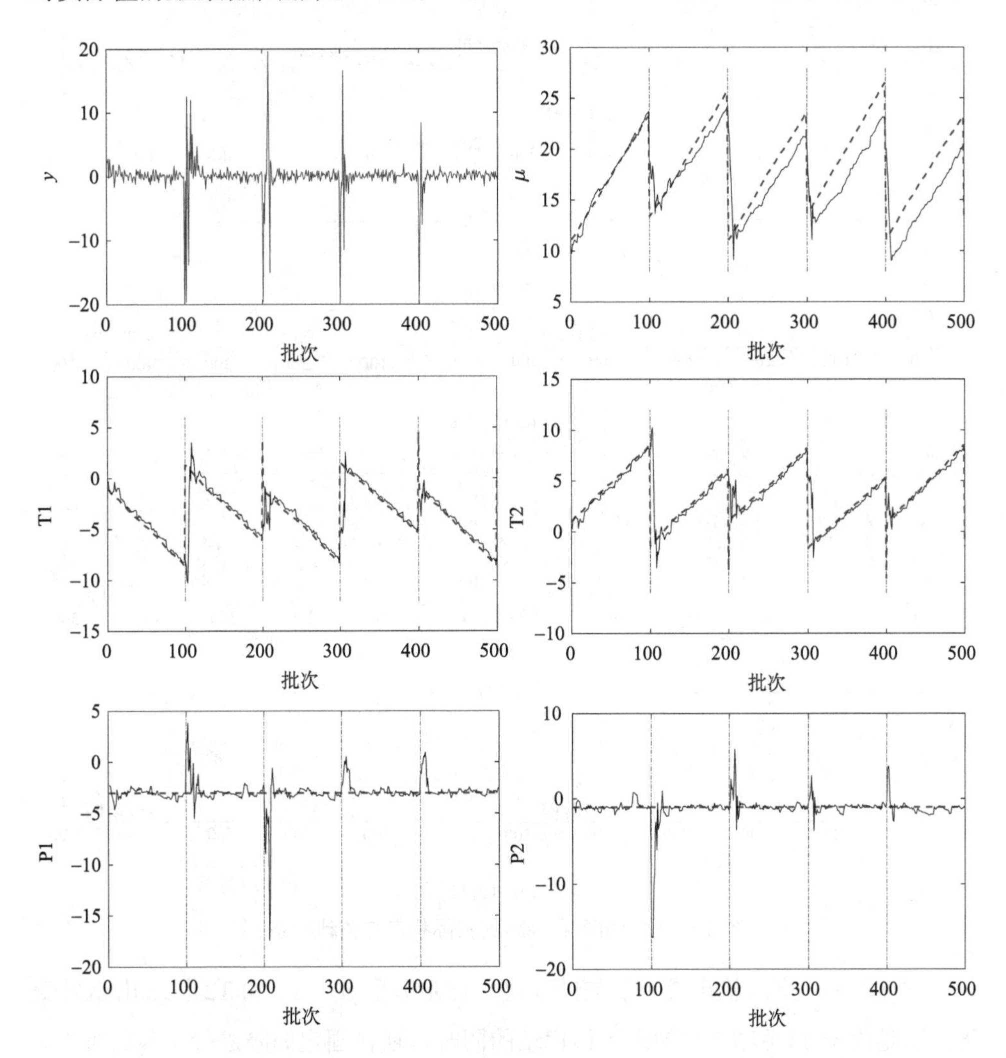

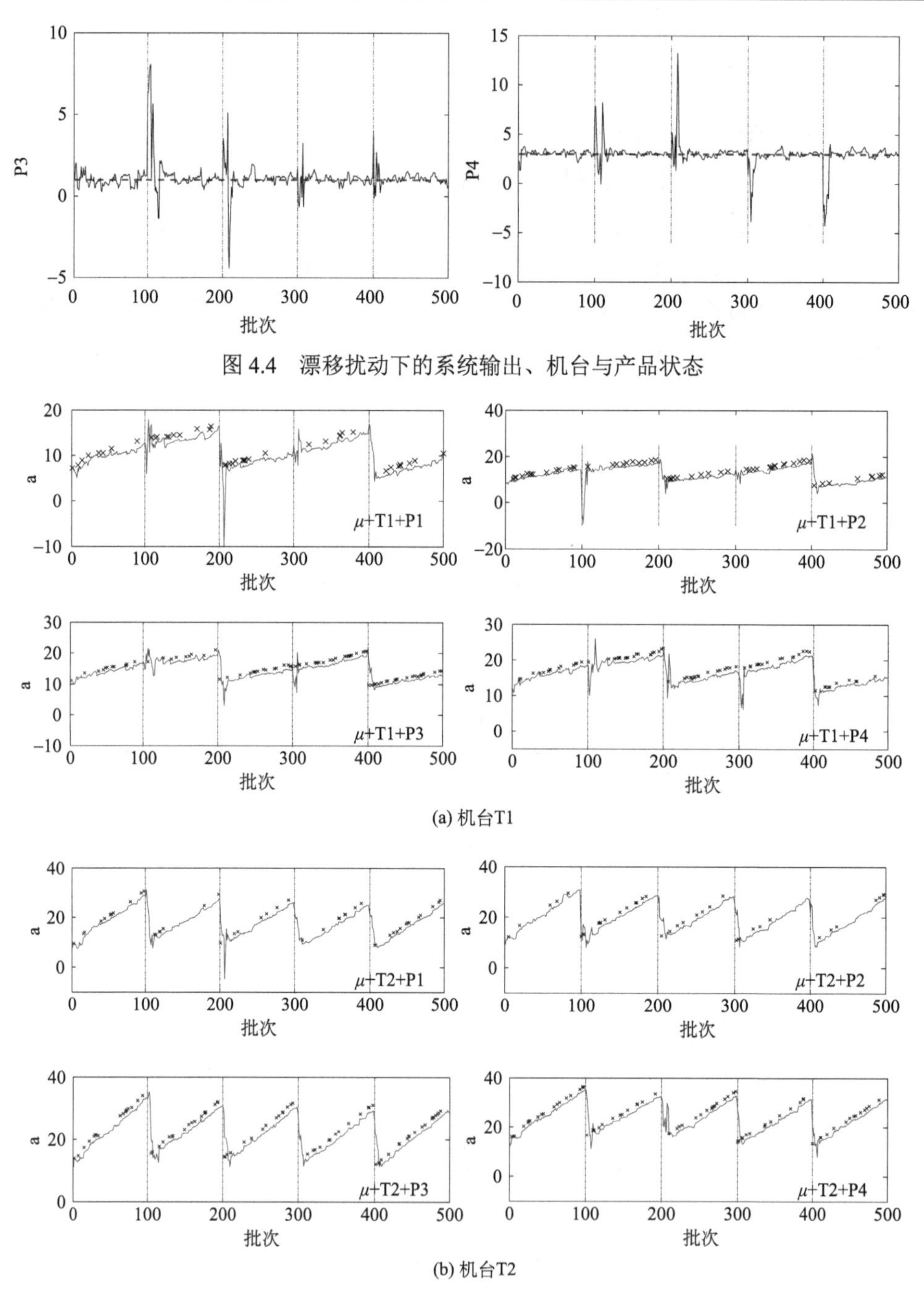

图 4.4　漂移扰动下的系统输出、机台与产品状态

(a) 机台T1

(b) 机台T2

图 4.5　两个机台各线程的实际状态与估计状态

图 4.4 中，产品输出没有明显的偏离，但是参数 μ 、T1 和 T2 呈现出锯齿变化。这是由于 T1 和 T2 在加入漂移扰动的同时，还在固定间隔进行了参数重置。

可以看到，在每次重置时，产品都会经历小幅的波动后再恢复平稳。但是在间隔期对漂移扰动没有强烈反应，说明控制器对漂移扰动的抑制效果良好，这一点也可以从跟踪效果得到验证。每个机台上的线程状态细节如图 4.5 所示，其中'×'为估计值，实线为真实值。

4.3.3 新旧产品交替

在晶圆制程中，新旧产品的更迭速度很快。在新产品大规模生产上线前，会进行小批量的生产测试获得每个机台的最优设置参数和产品设置参数。但是产品下线后，该状态仍然会在制程中保留一段时间。这些都会造成晶圆生产时估计偏差。因此，对上述这两种情况进行了仿真实验。

在仿真实验中，假设产品 P3 为新上线产品，方便起见，假设相关参数均设置为 0，例如，$a_3^p=0$ 。而产品 P4 为淘汰产品，在第 200 批次时下线，在第 400 批次观测到该现象消失，从而可以控制调整参数。图 4.6 显示了在第 200 批次时，系统的输出、机台状态都经历了波动，4 个产品分别有不同幅度的跳变，实线为估计值，虚线为真实值。如图 4.7 所示，'×'表示产品真实值，实线表示估计值。由于产品 P3 在机台 T1 和机台 T2 都有生产，因此机台 T1 和机台 T2 在开始阶段都经历了跳变振荡。产品 P4 的真实值在第 200 批次下线，第 400 批次跟踪到该情况后消失。

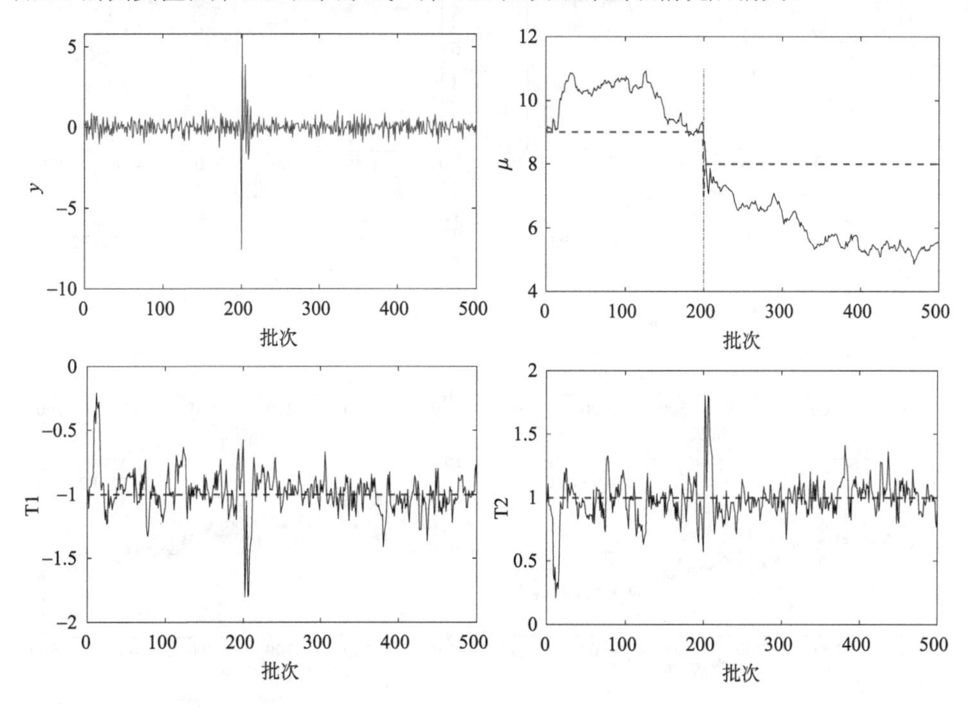

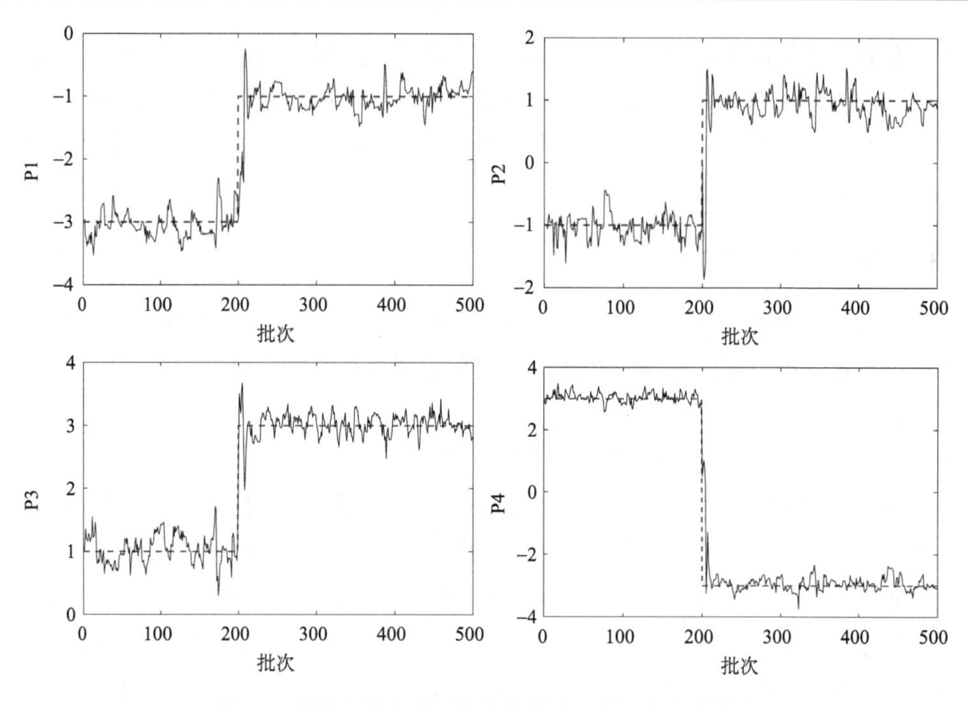

图 4.6　新旧产品交替下的系统输出、机台与产品状态

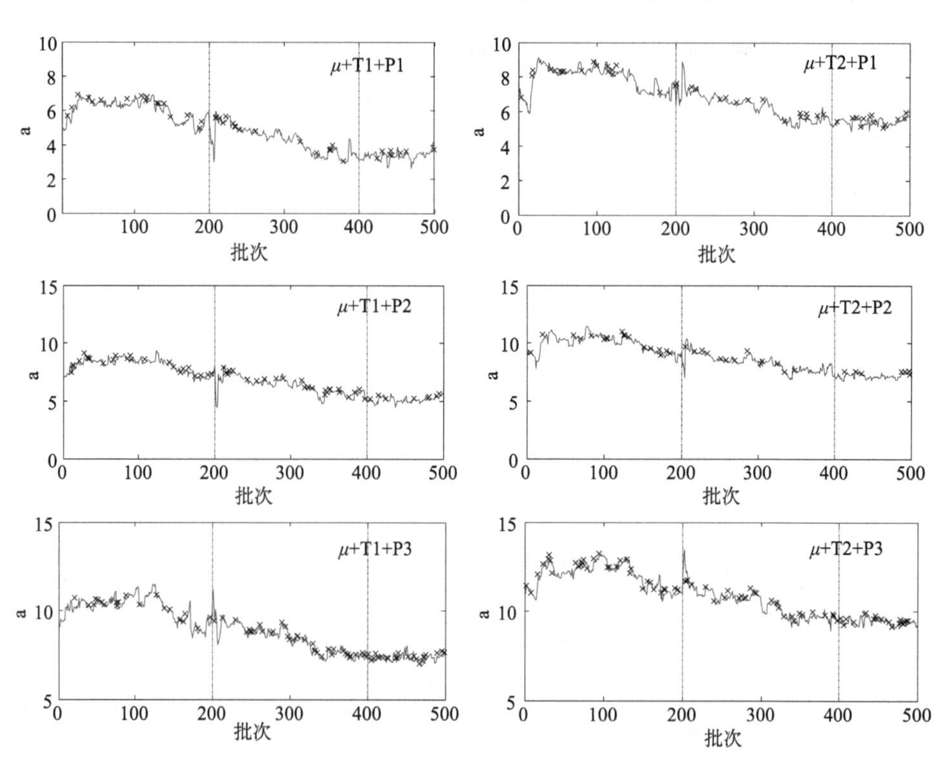

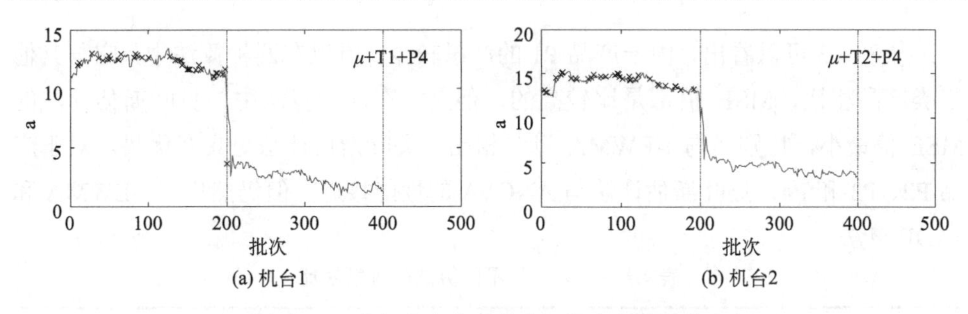

(a) 机台1　　(b) 机台2

图 4.7 两个机台各线程的实际状态与估计状态

4.3.4 模型不匹配

估计增益b一般可从历史数据或生产经验中获得，但是有时与真实的增益β并不相同，即$b \neq \beta$，造成模型与真实制程的数据不匹配的状况，这也会对制程生产带来不利的影响。在仿真设计中，假设制程真实的β初始值为 1.2，并伴随有斜率为 0.0004 的逐渐变化；假设模型$b=1$，总批次数 K=500。利用均方误差 $\mathrm{MSE}=\dfrac{1}{K}\sum_{k=1}^{K}\left(\tau-y(k)\right)^2$ 来判断贝叶斯估计法与 ANOVA、JADE 和 t-EWMA 算法之间的优劣，结果如表 4.2 所示。可以看出非线程状态估计法的输出结果 MSEs 明显优于线程 EWMA 控制结果，其中贝叶斯估计法的表现尤为突出。

表 4.2 不同算法的性能对比

	t-EWMA	JADE	ANOVA	本章算法
MSE	0.2009	0.1665	0.1616	0.1589

4.3.5 低频产品

半导体晶圆混合生产中，有些产品生产频率低，产量少，但是由于其具有较高的利润价值，所以也需要确保其品质，实现利润最大化。仿真显示了贝叶斯估计算法针对这类产品也有较高的控制性能。假设产品 P1、P2、P3 和 P4 的生产频率分别为 0.1、0.3、0.3、0.3，其余参数与 4.3.1 节跳变扰动设置一致。

从表 4.3 可以看出，由于产品 P1 的产量较少，所以在四种算法中，它与其他三类产品相比，MSE 值都是比较高的。但是，在四种算法中，贝叶斯估计法的 MSE 值最小，特别是与 t-EWMA 算法相比，贝叶斯估计法更具有优势。对于产品 P2、P3 和 P4，贝叶斯估计法与 ANOVA 的性能接近，但仍然优于 t-EWMA 和 JADE 算法。

表 4.3　低频产品不同算法的性能对比

	t-EWMA	JADE	ANOVA	本章算法
MSE_1	0.2169	0.1803	0.1362	0.1028
MSE_2	0.1224	0.0635	0.0579	0.0569
MSE_3	0.1134	0.0949	0.0727	0.0724
MSE_4	0.1309	0.1113	0.0996	0.0882
MSE	0.1323	0.1002	0.0827	0.0756

4.3.6　不同扰动下的贝叶斯估计法

根据高斯-马尔可夫模型，建立制程的状态空间模型：

$$\begin{cases} \boldsymbol{x}(k+1)=x(k) \\ \boldsymbol{z}(k)=H(k)x(k)+v(k) \end{cases} \tag{4.33}$$

式中，$v(k)\sim N(0,R)$，状态变量 $x(k)$ 的表达式并不是如式(4.33)这样简单，有时会带有随机游走(random walk，RW)噪声或是 IMA(1,1)形式的噪声，如式(4.34)和式(4.35)所示：

$$x(k+1)=x(k)+w(k),\quad w(k)\in N(0,Q) \tag{4.34}$$

$$x(k+1)=x(k)-\theta\varepsilon(k\text{-}1)+\varepsilon(k),\ \varepsilon(k)\in N\left(0,\sigma^2\right)\&\,\theta\in(0,1) \tag{4.35}$$

文献[15]和文献[17]描述了基于这两类噪声的卡尔曼滤波算法，分别称作 KF-RW 和 KF-IMA。仿真实验在跳变扰动、漂移扰动、新旧产品交替和模型参数不匹配情况下，对贝叶斯估计法与 KF-RW 算法、KF-IMA 算法进行输出 MSE 值比较。仿真参数设定见表 4.4，其余参数设定如 4.3.1 节所设。仿真结果如表 4.5 所示。从表中数据分析可得，贝叶斯估计法的性能优于 KF-RW、KF-IMA。

表 4.4　仿真参数的设定

	KF-RW	KF-IMA	本章算法
$w(k)$	P=0.04	θ=0.4, σ=0.2	P=0.04
$v(k)$	R=0.04	R=0.04	θ=0.4, σ=0.2

表 4.5　3 种算法的输出性能比较

	KF-RW	KF-IMA	本章算法
跳变扰动	1.2047	1.2458	0.8839
漂移扰动	7.3298	7.2545	7.0270
新旧产品交替	0.2853	0.2575	0.2540
模型参数不匹配	0.1665	0.1695	0.1589

4.4　工业数据实例分析

本节利用某晶圆工厂实际生产中的光刻过程数据，进行逆向工程仿真，验证贝叶斯估计算法的有效性。

首先，光刻技术是指利用光刻胶材料在光照作用下经过曝光、显影、刻蚀等工艺将掩模版上的图案转移到基体上的微细图案加工技术，其具体的工艺原理如图 4.8 所示[18]。光刻技术中最重要的性能指标就是图案的关键尺寸(critical dimension，

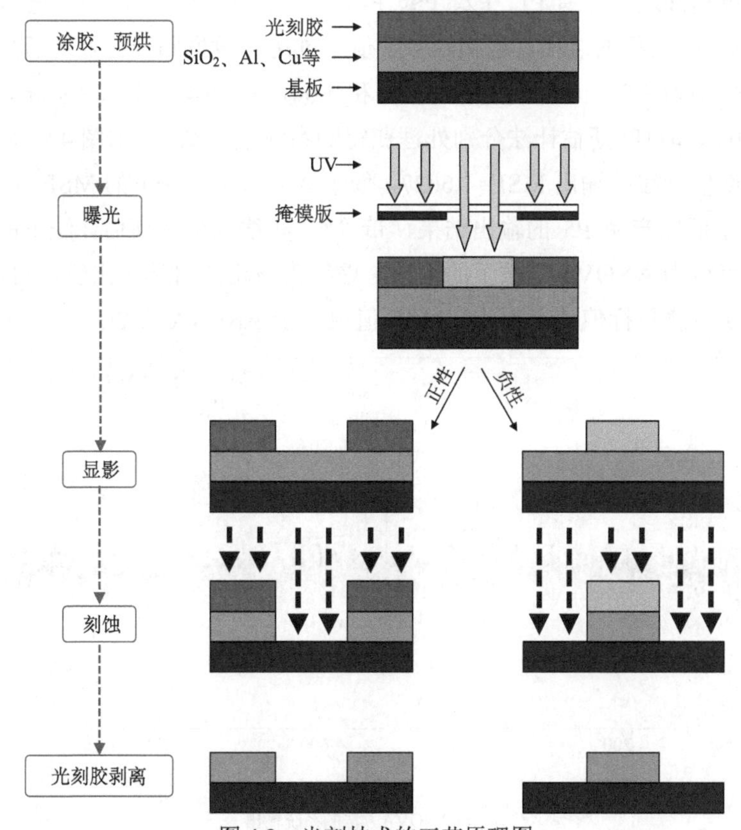

图 4.8　光刻技术的工艺原理图

CD）和分辨率。光刻技术经历了紫外全谱（300～450 nm）、G线（436 nm）、I线（365 nm）、深紫外（248 nm和193 nm）、真空紫外（157 nm）、极紫外（13.5 nm）和电子束光刻等发展历程。通过曝光率控制关键尺寸的输出，建立模型如下：

$$\mathrm{CD} = \mathrm{Slope} \times \mathrm{Exposure} + B_{\mathrm{base}} + B_{\mathrm{reticle}}$$

各参数含义如下：

CD：光罩图案中最小的线宽，通过扫描电子显微镜（SEM）测量；

Slope：模型斜率，由实验数据获得，单位：$\mathrm{J \cdot m^{-2} \cdot \mu m^{-1}}$；

Exposure：光刻过程中的可控关键变量——曝光量；

B_{base}：设备、机台等偏移量，通常被视作为一个IMA时间序列；

B_{reticle}：光掩模版偏移量，它是曝光过程中的原始图形的载体，通过曝光过程，这些图形的信息将被传递到芯片上。

CD是系统设定的目标值 T，为常量；Exposure为控制器输出变量 u_k，待估状态变量为设备、机台等偏移量 B_{base} 和光掩模版偏移量 B_{reticle}。

整个过程涉及产品有P1、P2、P3、P4、P5五类产品，产量分别是282、245、320、191和66。制程增益和其他初始参数值通过历史数据归一化处理后拟合获得。产品增益分别为3.96、2.93、4.87、4.28和4.04，$\theta = 0.4$，$\lambda = 0.6$，$\tau = 0$。利用ANOVA方法和贝叶斯估计法分别处理获得的系统输出结果，如图4.9，可以看出，基于贝叶斯估计法的输出MSE=1.6627，低于ANOVA方法下的MSE=1.8056。图4.10表示了低频产品P5的输出结果，带“*”实线为贝叶斯估计法下的产品P5输出，带点线为ANOVA方法下的输出，虚线为设定的目标输出值。可以看到贝叶斯估计法围绕目标值波动更小，MSE值也低于ANOVA方法。

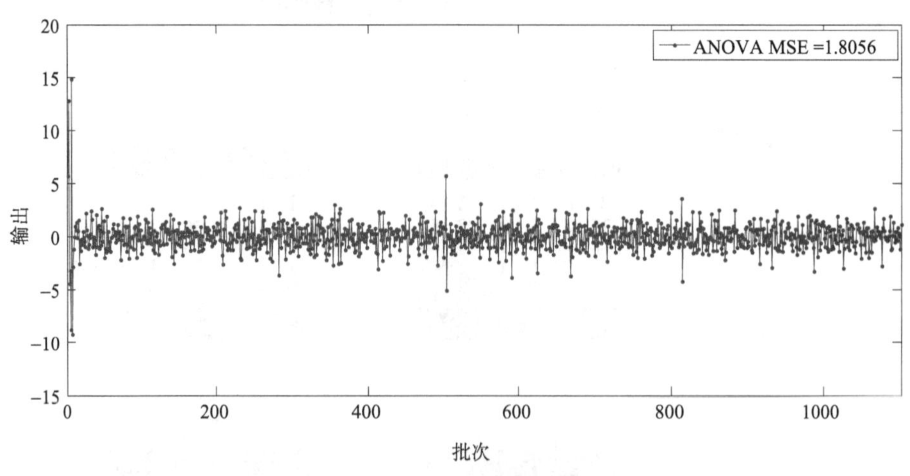

(a) ANOVA方法的系统输出

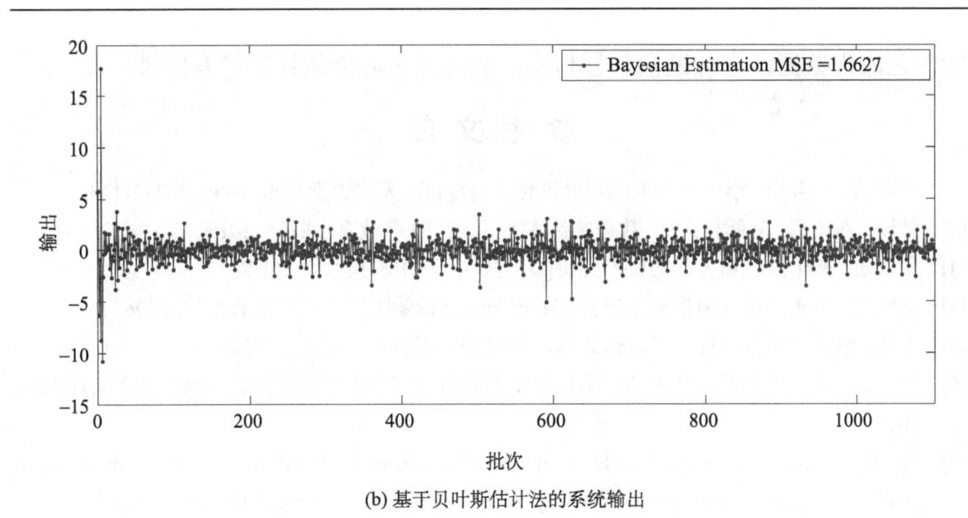

(b) 基于贝叶斯估计法的系统输出

图 4.9　ANOVA 方法与贝叶斯估计法的系统输出结果

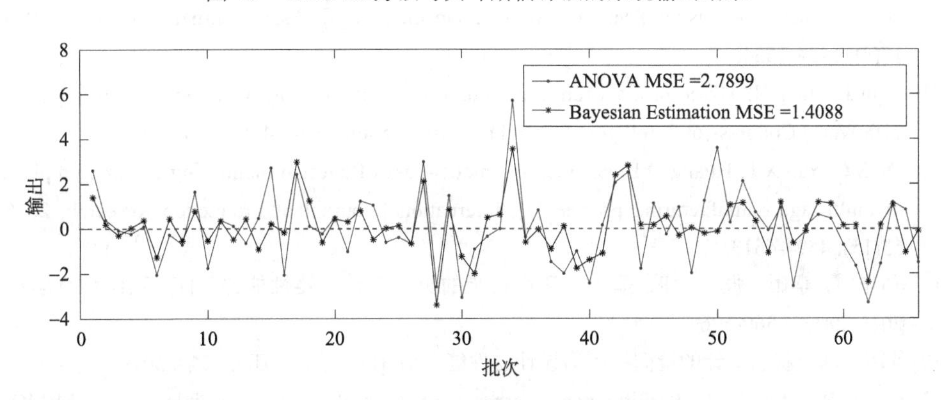

图 4.10　低频产品 P5 的输出结果

4.5　本 章 小 结

本章针对半导体生产多品种小批量的生产方式，在小样本条件下提出了基于贝叶斯估计的非线程控制方法。该方法在 ANOVA 基础上建立模型，区别于之前的 JADE 方法和 ANOVA 方法，它没有采用矩阵扩充，而是利用 IMA(1,1)扰动数学模型和相邻批次的输出残差的差值，进行矩阵变换，增加假设条件，利用贝叶斯估计法，进行状态矩阵的更新计算，有效避免了由于矩阵缺秩无法求逆的数学问题。仿真表明该算法针对晶圆生产过程中常见跳变扰动、漂移扰动、新旧产品交替以及模型参数不匹配等，具有良好的抑制作用和适应性。最后通过一组晶圆工厂的实际光刻工艺流程数据，进行逆向工程仿真，验证了贝叶斯估计法的有效性。

参 考 文 献

[1] 张世英, 刘金塘. 小样本参数的贝叶斯估计方法[J]. 天津大学学报, 1989, 3: 112-114.

[2] 钟波, 刘琼荪, 刘朝林, 等. 数理统计[M]. 北京: 高等教育出版社, 2015.

[3] 蔡伟宏. 基于贝叶斯方法的资产配置[D]. 武汉: 华中科技大学, 2012.

[4] 于红艳. 负相伴样本情形分布参数的经验 Bayes 检验[D]. 合肥: 安徽大学, 2008.

[5] 卞骏. 半导体混合制程的状态估计算法研究[D]. 镇江: 江苏大学, 2015.

[6] 章欣已. 基于贝叶斯估计多品种小批量生产的统计过程控制研究[D]. 上海: 上海交通大学, 2013.

[7] Ma M, Chang C C, Wong D S H, et al. Identification of tool and product effects in a mixed product and parallel tool environment [J]. Journal of Process Control, 2009, 19: 591-603.

[8] Shen C, Xu D, Huang W, et al. An interacting multiple model approach for state estimation with non-Gaussian noise using a variational Bayesian method [J]. Asian Journal of Control, 2015, 17(4): 1424-1434.

[9] Bian J, Pan T H. Mixed-product run to run control algorithm using Bayesian method [C]. Proc. 11th World Congress on Intelligent Control and Automation, 2014: 4356-4360.

[10] Du S C, Yao X F, Huang D L. Engineering model-based Bayesian monitoring of ramp-up phase of multistage manufacturing process [J]. International Journal of Production Research, 2015, 53(15): 4594-4613.

[11] 孙作雷, 李影, 张波, 等. 基于一致性校验的贝叶斯估计器性能评估[J]. 系统仿真学报, 2016, 28(3): 569-576.

[12] 谭斐. 基于状态估计的批间控制器设计与性能评估 [D]. 镇江: 江苏大学, 2019.

[13] Good R, Qin S J. Performance synthesis of multiple input multiple output (MIMO) exponentially weighted moving average (EWMA) run-to-run controllers with metrology delay [J]. Industrial & Engineering Chemistry Research, 2011, 50: 1400-1409.

[14] Wang J, He Q P, Edgar T F. State estimation for integrated moving average process in high-mix semiconductor manufacturing [J]. Industrial Engineering Chemistry Research, 2009, 53 (13): 5194-5204.

[15] Wang J, He Q P, Edgar T F. State estimation in high-mix semiconductor manufacturing [J]. Journal of Process Control, 2009, 19 (3): 443-456.

[16] Zavecz T E, Zeidler A. Life beyond mix-and-match: controlling sub-0.18 micron overlay errors[J]. Semiconductor International, 2000.

[17] Prabhu A V, Edgar T F. A new state estimation method for high-mix semiconductor manufacturing processes [J]. Journal of Process Control, 2009, 19 (7): 1149-1161.

[18] Jiang X J. Control performance assessment of run-to-run control system used in high-mixed semiconductor manufacturing [D]. Austin: University of Texas, 2012.

第 5 章　基于扩张状态观测器的批间控制

5.1 引　　言

在半导体晶圆制造中，EWMA 批间控制器应用十分广泛。但是，随着半导体晶圆需求的逐步提升，生产设备的更新换代，晶圆关键尺寸不断减小，实际制程中干扰形式日趋复杂，EWMA 批间控制器难以保持其最优性能。

自抗扰控制(active disturbance rejection control, ADRC)是用于估计未知的外部干扰和未建模动态的有效方法之一。ADRC 技术是韩京清教授首次提出，以其鲁棒性和实现简便性而闻名于世[1]。ADRC 技术已广泛应用于氧气供应系统[2]、电机系统[3]和电力系统[4]等诸多领域。在 ADRC 框架下，串联积分形式被视为基本规范形式，定义包括模型不匹配在内的其他动态和外部干扰为总干扰。扩张状态观测器(extended state observer, ESO)是 ADRC 中的核心结构，它能够有效估计并消除系统的总干扰[5]。学者们对线性 ESO(LESO)和非线性 ESO(NLESO)进行了广泛的理论分析研究，讨论了连续系统的 LESO 及其性质[6,7]。为了适应数字处理器，需要根据较大的采样间隔来重新考虑 ESO 的设计。Miklosovic 等[8]研究了 LESO 的各种离散化方法。文献[9]讨论了三阶离散 LESO 的稳定性和收敛性。Li 等[10]指出了离散 NLESO 的绝对稳定性的 LMI 条件。

随着半导体元件生产设备的更新换代，制程关键尺寸不断降低，实际制程中干扰形式日趋复杂。这些干扰主要来源于工作环境条件变化、制程工艺误差、预防性维护等因素造成的外部干扰和机台耗材损耗、测量时延等因素造成的模型不确定性等。ESO 的思路跳出了模型局限，不刻意追求干扰的具体形式，而是基于有限信息估计出对输出产生影响的总干扰，在控制器中实现前馈干扰抑制。故本章提出一种基于 ESO 的批间控制器。首先，将半导体晶圆制程的 SISO 静态模型描述为

$$y(k) = \beta u(k) + \alpha + \eta(k) \tag{5.1}$$

式中，$u(k)$ 和 $y(k)$ 为制程的输入与输出；$k = 1,2,\cdots,K$ 是制程的批次号，K 表示总批次数；β 是制程增益；α 是制程截距项；$\eta(k)$ 是制程的动态干扰。

在半导体晶圆制造过程中，干扰 $\eta(k)$ 形式复杂，例如，IMA(1,1)模型干扰[11]

为

$$\eta(k)=\eta(k-1)+\varepsilon(k)-\theta\varepsilon(k-1) \tag{5.2}$$

式中，$\varepsilon(k)\sim N(0,\sigma_\varepsilon^2)$ 是白噪声；$\theta\in(-1,1)$ 是 IMA 的滑动平均系数。

含漂移干扰的 IMA(1,1)模型干扰为

$$\eta(k)=\eta(k-1)+\varepsilon(k)-\theta\varepsilon(k-1)+\delta \tag{5.3}$$

式中，δ 为漂移斜率。

ARIMA(1,1,1)模型干扰为

$$\eta(k)=(1+\phi)\eta(k-1)-\phi\eta(k-2)+\varepsilon(k)-\theta\varepsilon(k-1) \tag{5.4}$$

式中，ϕ 是自回归系数。

批间控制器需尽可能地抑制半导体晶圆制程的干扰，保证系统的输出稳定在目标值 τ。

5.2 基于 LESO 的批间控制

5.2.1 LESO 批间控制器设计

设系统增益 β 的模型为 b，则模型不匹配系数定义为 $\xi=\beta/b$，系统转换为

$$y(k)=bu(k)+(\xi-1)bu(k)+\left(\alpha+\eta(k)\right) \tag{5.5}$$

由式(5.5)可知，模型不匹配和外部干扰对输出的影响集中体现在 $(\xi-1)bu(k)+\left(\alpha+\eta(k)\right)$ 部分。定义该部分为制程总干扰。设 $x_1(k)=y(k)$，$x_2(k)=(\xi-1)bu(k)+\left(\alpha+\eta(k)\right)$，再定义 $x_3(k)=x_2(k+1)-x_2(k)$，从而将系统(5.5)扩张为

$$\begin{cases}x_1(k)=bu(k)+x_2(k)\\ x_2(k+1)=x_2(k)+x_3(k)\\ x_3(k+1)=x_3(k)+f(k)\\ y(k)=x_1(k)\end{cases} \tag{5.6}$$

式中，$f(k)=\eta(k+2)-2\eta(k+1)+\eta(k)+(\beta-b)\left(u(k+2)-2u(k+1)+u(k)\right)$，设 $f(k)$ 是有界但未知的[12]。

为了估计系统(5.5)的状态及总干扰，根据扩张系统(5.6)，设计 LESO 为

$$\begin{cases} e_1(k) = x_1(k) - \hat{x}_1(k) \\ \hat{x}_1(k+1) = \hat{x}_2(k) + bu(k) + l_1 e_1(k) \\ \hat{x}_2(k+1) = \hat{x}_2(k) + \hat{x}_3(k) + l_2 e_1(k) \\ \hat{x}_3(k+1) = \hat{x}_3(k) + l_3 e_1(k) \end{cases} \tag{5.7}$$

式中，$\hat{x}_1(k)$、$\hat{x}_2(k)$和$\hat{x}_3(k)$分别是$x_1(k)$、$x_2(k)$和$x_3(k)$的估计；l_1、l_2和l_3是 LESO 的增益。

定义制程的输入为

$$u(k) = \frac{\tau - \hat{x}_2(k)}{b} \tag{5.8}$$

将式(5.8)代入式(5.5)可得，当 LESO 能准确估计出制程总干扰时，即$\hat{x}_2(k) = x_2(k)$时，制程输出可以完全跟踪设定值，则由式(5.7)和式(5.8)构成了对系统(5.1)的 LESO-RtR 控制器。

5.2.2　LESO 批间控制器稳定性分析

定义由 LESO-RtR 控制器控制的系统输出误差为$e(k) = y(k) - \tau$，其z变换为$E(z) = Y(z) - \tau$。LESO 的估计值为

$$\hat{X}_2(z) = S(z)E(z) \tag{5.9}$$

式中，$S(z) = \dfrac{l_2 z^2 + (l_3 - l_2)z}{(z-1)^2(z+l_1)}$。

由 LESO-RtR 控制器得到制程输出为

$$Y(z) = \frac{\xi\left(1 + S(z)\right)}{1 + \xi S(z)}\tau + \frac{1}{1 + \xi S(z)}H(z) \tag{5.10}$$

式中，$H(z)$是干扰$h(k) = \alpha + \eta(k)$的z变换。

由式(5.1)、式(5.7)和式(5.8)组合成的闭环系统的稳定域由定理 5.1 给出。

定理 5.1：如果控制器参数满足条件(5.11)，则闭环系统式(5.1)、式(5.7)和式(5.8)的输出能渐近收敛到目标值。

$$\begin{cases} 0 < \dfrac{l_3}{1+l_1} < l_2 \\ |l_1| < 1 \\ 0 < \xi < \dfrac{4 - 4l_1}{2l_2 - l_3} \end{cases} \tag{5.11}$$

证明：由式(5.10)得，系统的特征方程为

$$D(z)=(l_1+z)(z-1)^2+\xi l_2(z-1)z+\xi l_3 z=0 \tag{5.12}$$

若 $D(z)=0$ 所有根都在单位圆内，则系统稳定。根据 Jury 判据，列表 5.1。

表 5.1　Jury 表

	z^0	z^1	z^2	z^3
1	l_1	$1-2l_1-\xi l_2+\xi l_3$	$l_1-2+\xi l_2$	1
2	1	$l_1-2+\xi l_2$	$1-2l_1-\xi l_2+\xi l_3$	l_1
3	l_1^2-1	$2-2l_1^2-\xi l_1 l_2+\xi l_1 l_3-\xi l_2$	$l_1^2+\xi l_1 l_2-1+\xi(l_2-l_3)$	0

根据 Jury 判据和 Jury 表，计算：

$$\begin{cases} D(z)\big|_{z=1}>0 \\ (-1)^3 D(z)\big|_{z=-1}>0 \\ \left|l_1\right|<1 \\ \left|l_1^2-1+l_1 l_2\xi+l_2\xi-l_3\xi\right|<\left|l_1^2-1\right| \end{cases} \tag{5.13}$$

解得系统的稳定域为式(5.11)。

证毕。

根据定理 5.1，当 $l_1=0$ 时，LESO-RtR 控制器的三维稳定域如图 5.1(a)所示，在不同 ξ 时的稳定域横截面如图 5.1(b)所示。在 $l_1=0$ 的情况下，在 ξ 不同时，稳定域的下界均为 $l_3<l_2$，而稳定域的上界则随着 ξ 的增加而减小。

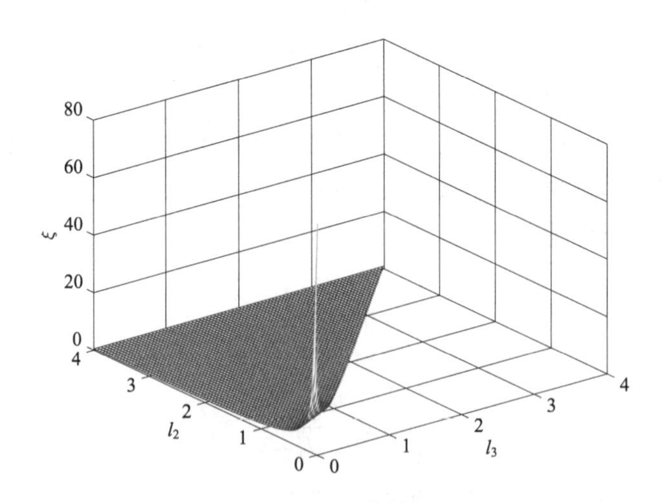

(a) l_1=0时，LESO-RtR控制器的三维稳定域

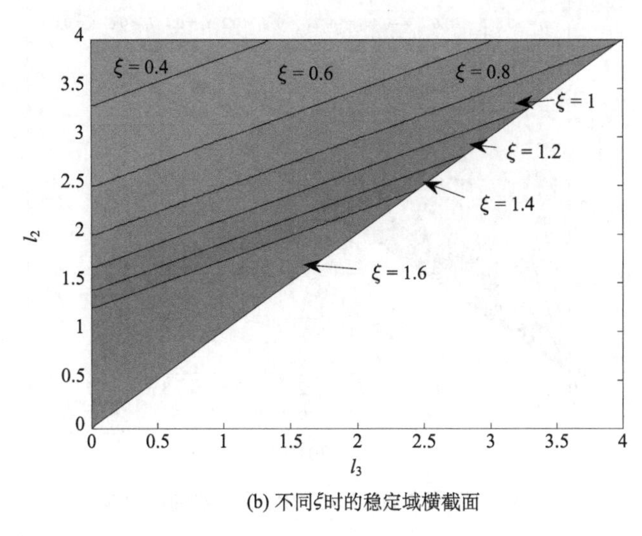

(b) 不同ξ时的稳定域横截面

图 5.1　LESO-RtR 控制器的稳定域

相对于 dEWMA 批间控制器来说，l_1 是一个新加入的可调参数，且对稳定域有一定的影响。图 5.2(a)和图 5.2(b)分别展示了 $\xi=1$ 和 $\xi=2$ 时，稳定域随 l_1 变化的情况。从图 5.2 中可以看出，l_1 的变化改变了稳定域的形状。当 l_1 变大时，l_3 的可调范围增大，但是 l_2 的可调范围却变小了。

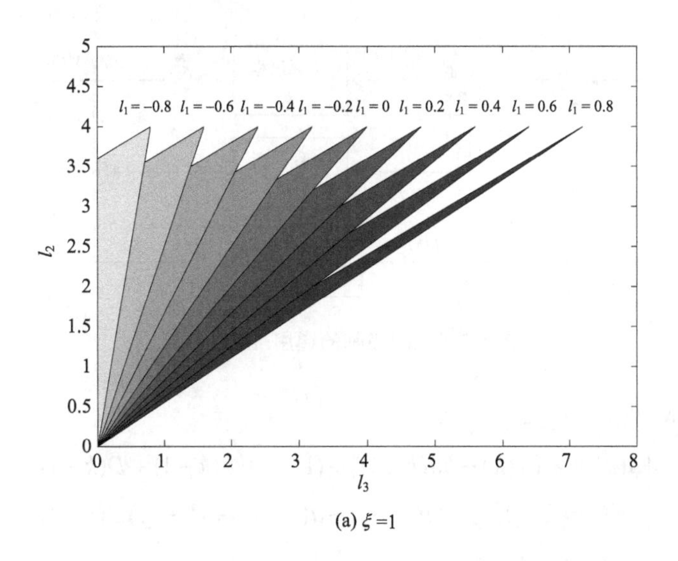

(a) $\xi =1$

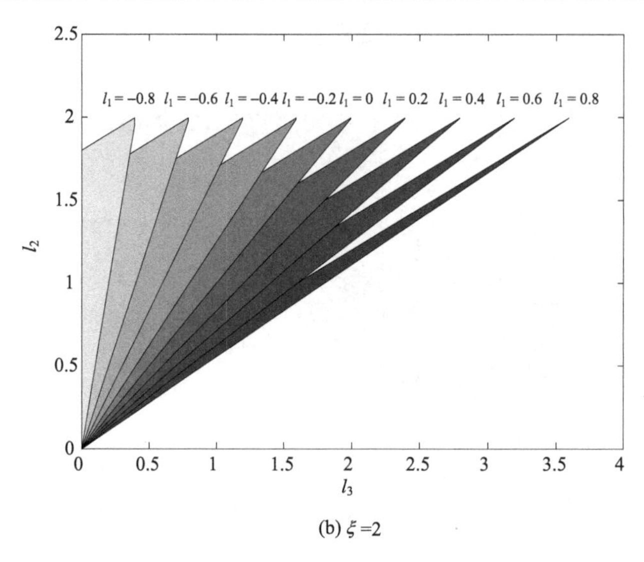

(b) $\xi=2$

图 5.2　不同 ξ 时 LESO-RtR 控制器的稳定域

5.2.3　批间控制器的内模控制描述

EWMA、dEWMA 批间控制器和 LESO-RtR 控制器均可用内模控制(IMC)框架描述[13]，如图 5.3 所示。这些算法中的滤波器则可以表示为不同形式的 IMC 滤波器 Q。

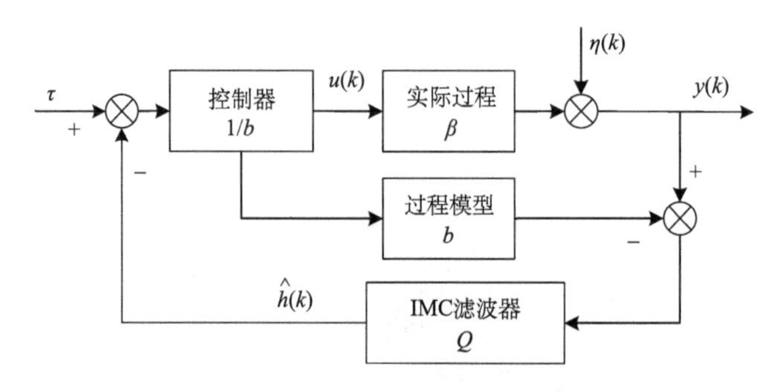

图 5.3　批间控制的通用 IMC 框架

dEWMA[14]滤波器为

$$\begin{cases} a(k)=\lambda_1\big(y(k)-bu(k-1)\big)+(1-\lambda_1)\big(a(k-1)+D(k-1)\big) \\ D(k)=\lambda_2\big(y(k)-bu(k-1)-a(k-1)\big)+(1-\lambda_2)D(k-1) \end{cases} \tag{5.14}$$

式中，λ_1，λ_2 为滤波器的折扣因子。

控制输入为

$$u(k)=\frac{\tau-a(k)-D(k)}{b} \tag{5.15}$$

由式(5.14)和式(5.15)，dEWMA 滤波器可以转换为二阶的 IMC 滤波器：

$$\hat{H}(z)=\frac{(\lambda_1+\lambda_2)z-\lambda_1}{z^2+(\lambda_1+\lambda_2-2)z+(1-\lambda_1)}\big(Y(z)-bU(z)\big) \tag{5.16}$$

由式(5.10)，LESO 可以转换为三阶的 IMC 滤波器：

$$Z_2(z)=\frac{l_2z^2+(l_3-l_2)z}{z^3+(l_1+l_2-2)z^2+(1+l_3-l_2-2l_1)}(Y(z)-bU(z)) \tag{5.17}$$

比较式(5.16)和式(5.17)得，LESO-RtR 与 dEWMA 批间控制器的参数关系如下：

$$l_1=0;\lambda_1=l_2-l_3;\lambda_2=l_3 \tag{5.18}$$

同理可得，LESO-RtR 与 EWMA 批间控制器[14]有如下参数关系：

$$l_1=0;\lambda=l_2;l_3=0 \tag{5.19}$$

由此可见，dEWMA 和 EWMA 批间控制器是 LESO-RtR 控制器的特殊形式。通过适当设置 LESO-RtR 控制器的参数，来获得 dEWMA 和 EWMA 批间控制器。

5.3　基于 NLESO 的混合制程批间控制

为了最大化设备利用率，充分满足个性化订单的需求，企业实行同一机台上加工数种产品的混合制程生产方式。考虑一个半导体混合产品制程，由 Ω 个机台生产 $\varXi$ 种产品。当第 k 批次时，在第 m（$m\in[1,\Omega]$）个机台上生产的第 n（$n\in[1,\varXi]$）种产品的制程输出为

$$y_{n(k),m(k)}(k)=\beta_{n(k),m(k)}u_{n(k),m(k)}(k)+\eta_{n(k),m(k)}(k) \tag{5.20}$$

根据线程思想，由产品 n 和机台 m 构成的一个线程，记为 $O_{n,m}$。这种混合制程生产方式会导致生产次序杂乱无章，不确定性因素和干扰也随之增加。

5.3.1　NLESO 批间控制器设计

通过引入适当形式的非线性函数可以有效提升 LESO-RtR 控制器的干扰抑制效果[15]。引入如下非线性函数：

$$
fal(e(k))=\begin{cases} e(k), & |e(k)|\leqslant \mu \\ |e(k)|^{\gamma}\operatorname{sgn}(e(k)), & |e(k)|>\mu \end{cases} \tag{5.21}
$$

式中，$\gamma\in(0,1)$ 和 $\mu\in(0,1)$ 分别表示非线性的程度和范围。

定义 NLESO 为

$$
\begin{cases} e_1(k)=x_1(k)-\hat{x}_1(k) \\ \hat{x}_1(k+1)=\hat{x}_2(k)+bu(k)+l_1e_1(k) \\ \hat{x}_2(k+1)=\hat{x}_2(k)+\hat{x}_3(k)+l_2e_1(k) \\ \hat{x}_3(k+1)=\hat{x}_3(k)+l_3 fal\left(e_1(k)\right) \end{cases} \tag{5.22}
$$

设置 $\gamma=1,\ \mu=1$ 可以将 NLESO[式(5.22)]退化为 LESO[式(5.7)]。将式(5.22)和式(5.8)称为 NLESO-RtR 控制器。

结合线程设计思想，针对每个线程设计的混合制程 NLESO-RtR 控制器的具体形式如下：

$$
\begin{cases} e_{n(k),m(k)}(k)=y_{n(k),m(k)}(k)-\hat{x}_{n(k),m(k),1}(k) \\ \hat{x}_{n(k),m(k),1}(k+1)=\hat{x}_{n(k),m(k),2}(k)+b_{n(k),m(k)}u_{n(k),m(k)}(k)+l_{n(k),m(k),1}e_{n(k),m(k)}(k) \\ \hat{x}_{n(k),m(k),2}(k+1)=\hat{x}_{n(k),m(k),2}(k)+\hat{x}_{n(k),m(k),3}(k)+l_{n(k),m(k),2}e_{n(k),m(k)}(k) \\ \hat{x}_{n(k),m(k),3}(k+1)=\hat{x}_{n(k),m(k),3}(k)+l_{n(k),m(k),3}fal_{n(k),m(k)}\left(e_{n(k),m(k)}(k)\right) \end{cases} \tag{5.23}
$$

式中，非线性函数：

$$
fal_{n,m}(e(k))=\begin{cases} e(k), & |e(k)|\leqslant \mu_{n,m} \\ |e(k)|^{\gamma_{n,m}}\operatorname{sgn}(e(k)), & |e(k)|>\mu_{n,m} \end{cases} \tag{5.24}
$$

制程的输入为

$$
u_{n(k),m(k)}(k)=\frac{\tau_{n(k)}-\hat{x}_{n(k),m(k),2}(k)}{b_{n(k),m(k)}} \tag{5.25}
$$

同时，基于线程的混合制程 LESO-RtR 控制器，可通过将式(5.23)中的参数设为 $\mu_{n,m}=1,\ \gamma_{n,m}=1$ 获得。

5.3.2 NLESO 批间控制器稳定性分析

根据文献[10]中的定理 3.3，NLESO-RtR 控制器的稳定性由如下定理给出。

定理 5.2：若存在正定对称的矩阵 $\boldsymbol{\Lambda}=\operatorname{diag}(\upsilon_1,\upsilon_2,\upsilon_3)\geqslant 0$，$\boldsymbol{\Gamma}=\operatorname{diag}(\pi_1,\pi_2,\pi_3)\geqslant 0$ 和 $\boldsymbol{P}\in\boldsymbol{R}^{3\times 3}$ 能够保证线性不等式(5.26)成立，

$$
\boldsymbol{W}=\begin{bmatrix}
\boldsymbol{\Phi}^{\mathrm{T}}(\boldsymbol{P}+\boldsymbol{H}^{\mathrm{T}}\boldsymbol{\Lambda}\boldsymbol{H})\boldsymbol{\Phi}^{\mathrm{T}} & \boldsymbol{\Phi}^{\mathrm{T}}(\boldsymbol{P}+\boldsymbol{H}^{\mathrm{T}}K\boldsymbol{\Lambda}\boldsymbol{H})\boldsymbol{L}_p \\
-\boldsymbol{P} & -\boldsymbol{H}^{\mathrm{T}}K\boldsymbol{\Gamma} \\
\boldsymbol{L}_P^{\mathrm{T}}(\boldsymbol{P}+\boldsymbol{H}^{\mathrm{T}}K\boldsymbol{\Lambda}\boldsymbol{H})\boldsymbol{\Phi} & \boldsymbol{L}_P^{\mathrm{T}}(\boldsymbol{P}+\boldsymbol{H}^{\mathrm{T}}K\boldsymbol{\Lambda}\boldsymbol{H})\boldsymbol{L}_p \\
-\boldsymbol{\Gamma}K\boldsymbol{H}^{\mathrm{T}} & -2\boldsymbol{\Gamma}
\end{bmatrix}<0 \tag{5.26}
$$

则闭环系统式(5.1)、式(5.22)和式(5.8)是绝对稳定的。

证明： 在 NLESO-RtR 控制器(5.22)、式(5.8)和系统(5.1)构成的闭环系统中，制程的总干扰计算为

$$
\begin{aligned}
f(k)=\bar{\delta}(k)&+(1-\xi)[l_2(e_2(k)+_3(k))] \\
&+(\xi-1)[l_2(1+l_1+l_2)e_1(k)-l_3 fal(e_1(k))]
\end{aligned} \tag{5.27}
$$

式中，$\bar{\delta}(k)=\eta(k+2)-2\eta(k+1)+\eta(k)$。

定义状态估计误差为 $e_i(k)=x_i(k)-\hat{x}_i(k),\ i=1,2,3$。基于系统的输入式(5.8)，估计误差进一步计算为

$$
\begin{cases}
\boldsymbol{E}(k+1)=\boldsymbol{\Phi}\boldsymbol{E}(k)+\boldsymbol{L}_p fal\big(\sigma(k)\big)+\boldsymbol{w}(k) \\
\boldsymbol{\sigma}(k)=H\boldsymbol{E}(k)
\end{cases} \tag{5.28}
$$

式中，$\boldsymbol{E}(k)=(e_1(k),e_2(k),e_3(k))^{\mathrm{T}}$，$\boldsymbol{\sigma}(k)=(e_1(k),e_1(k),e_1(k))^{\mathrm{T}}$，$\boldsymbol{w}(k)=(0,0,\bar{\delta}(k))^{\mathrm{T}}$，

$\boldsymbol{\Phi}=\begin{pmatrix} -l_1-l_2 & 1 & 1 \\ -l_2 & 1 & 1 \\ -(1-\xi)l_2(l_1+l_2+1) & (1-\xi)l_2 & 1+(1-\xi)l_2 \end{pmatrix}$，$\boldsymbol{L}_p=-\begin{pmatrix} 0 & 0 & 0 \\ 0 & 0 & 0 \\ 0 & 0 & \xi l_3 \end{pmatrix}$，$\boldsymbol{H}=\begin{pmatrix} 1 & 0 & 0 \\ 1 & 0 & 0 \\ 1 & 0 & 0 \end{pmatrix}$。

为了简化稳定性分析，忽略(5.28)中的 $\boldsymbol{w}(k)$，因为非线性函数(5.21)满足 $\dfrac{fal(e(k))}{e(k)}\in\left(0,\mu^{\gamma-1}\right)$，故定义 $K=\mu^{\gamma-1}\cdot I_{3\times3}$。当不等式(5.26)成立时，系统(5.28)是绝对稳定的。由此可以得出，式(5.1)、式(5.22)和式(5.8)构成的闭环系统是绝对稳定的。

证毕。

根据定理 5.2，当 $l_1=0$ 时，稳定域随 ξ 变化如图 5.4 所示。

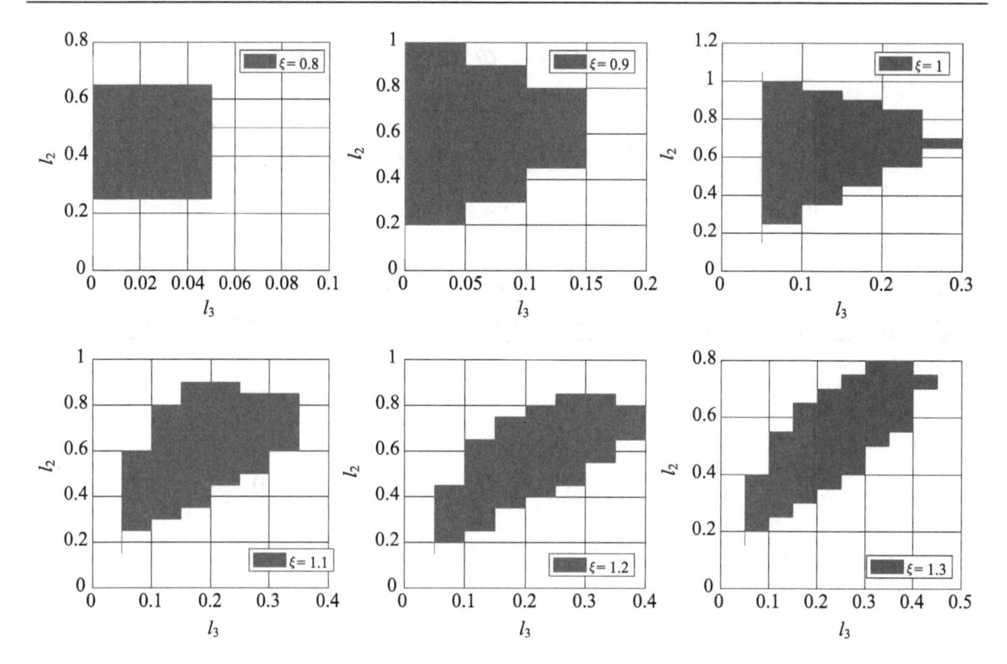

图 5.4　NLESO-RtR 控制器的稳定域

从图 5.4 中可以看出，在 NLESO-RtR 控制器中，ξ 的变化不仅影响了系统稳定域的大小，还影响了系统稳定域的形态。

5.4　算 例 分 析

本节通过数值仿真，展示在不同的干扰条件下，所提出的 LESO-RtR 和 NLESO-RtR 控制器的干扰抑制性能。与 EWMA、dEWMA 批间控制器进行比较，验证所提算法的有效性。本节仿真中，以输出的 MSE 作为性能指标。

$$\mathrm{MSE}=\frac{1}{K}\sum_{k=1}^{K}\left(\tau-y(k)\right)^{2} \tag{5.29}$$

5.4.1　机台跳变扰动

当制程进行预防性维护后，如未及时调整模型参数，那么制程中就会出现跳变干扰，这是用于测试控制器或滤波器性能的常用干扰之一[16]。在仿真中，设 $\eta(k)=0$，通过将 α 设置为不同的常值模拟跳变干扰。此仿真将展示所提控制算法对不同幅值的跳变干扰的抑制能力。

首先，设计 LESO-RtR 和 NLESO-RtR 控制器的参数如表 5.2 所示。然后，设

置 $\alpha=2, 4, 6, 8$，制程总共运行 20 批次，进行仿真，得到仿真输出图 5.5，输出的 MSE 如表 5.2 所示。

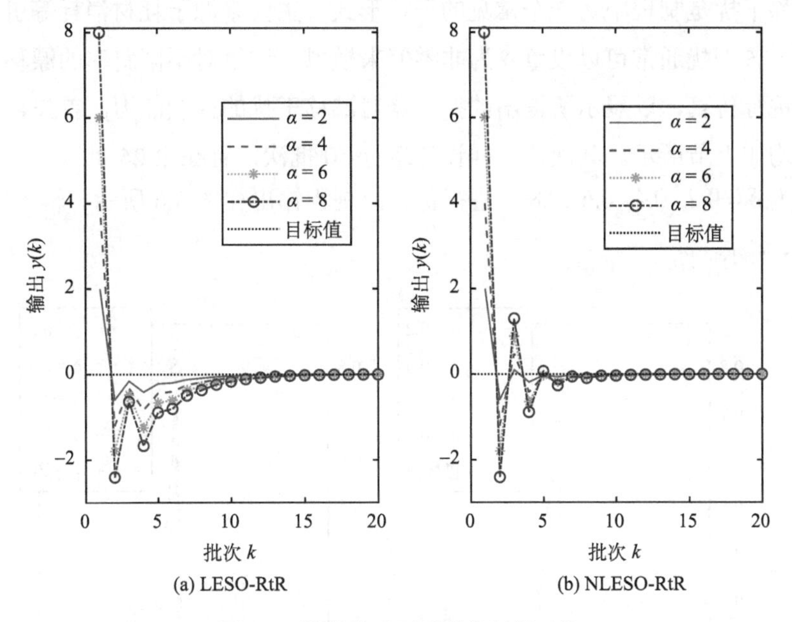

图 5.5　跳变扰动下两种控制器对比

表 5.2　跳变扰动下 LESO-RtR 和 NLESO-RtR 性能对比

控制器	参数	MSE			
		$\alpha=2$	$\alpha=4$	$\alpha=6$	$\alpha=8$
LESO-RtR	$l_1=-0.1$; $l_2=1.3$; $l_3=0.3$	0.2339	0.9356	2.1051	3.7424
NLESO-RtR	$l_1=-0.1$;$l_2=1.3$;$l_3=0.3$; $\gamma=0.7$;$\mu=0.2$	0.2206	0.8945	2.0250	3.6167

从图 5.5 中可以看出，LESO-RtR 和 NLESO-RtR 控制器均能有效抑制不同程度的跳变干扰，使输出收敛于目标值。随着跳变幅值的增加，LESO-RtR 和 NLESO-RtR 控制器的变化幅度明显增大。

表 5.2 显示，在不同幅值的跳变干扰下，NLESO-RtR 控制器的 MSE 均小于 LESO-RtR 控制器的 MSE，这是因为 NLESO-RtR 控制器的收敛速度比 LESO-RtR 控制器的更快。由于设置的参数中仅非线性函数的参数有所变化，故这个结果充分体现出了 NLESO 的抗扰优越性。

5.4.2　机台漂移扰动

漂移干扰是制程中另一个常见的干扰形式，主要来源于耗材消耗等引起的机台老化。该干扰通常可以设置δ为非零值来模拟。这里对不同斜率的漂移干扰下的制程进行仿真，以展示所提出的控制器对漂移干扰的抑制能力。首先，设控制器参数均如上节所示。其次，同样设计运行 50 批次，且在第 25 批次时，设计斜率分别为$\delta = 0.2,\ 0.4,\ 0.6,\ 0.8$。进行仿真，制程输出如图 5.6 所示。输出的 MSE 如表 5.3 所示。

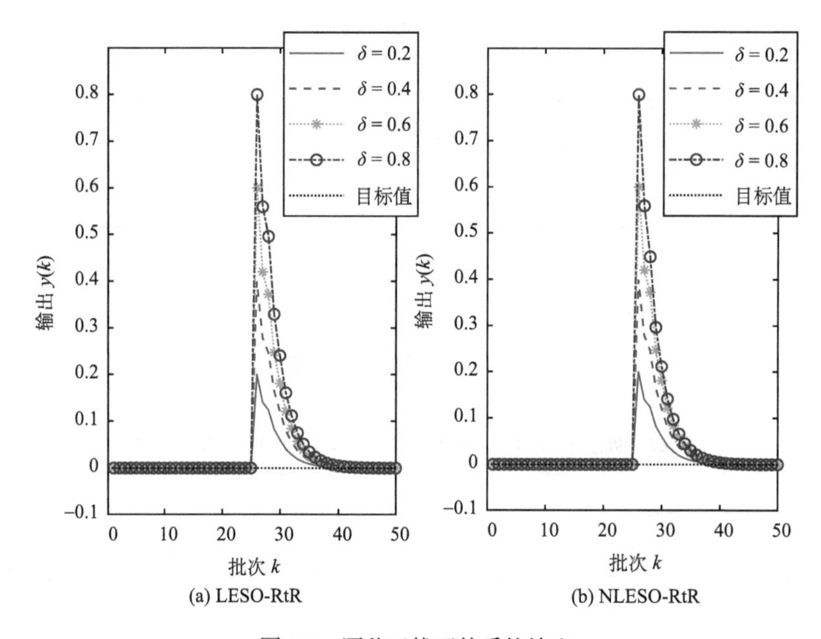

图 5.6　漂移干扰下的系统输出

表 5.3　漂移扰动下 LESO-RtR 和 NLESO-RtR 性能对比

控制器	参数	MSE			
		$\delta = 0.2$	$\delta = 0.4$	$\delta = 0.6$	$\delta = 0.8$
LESO-RtR	l_1= –0.1; l_2=1.3; l_3=0.3	0.0018	0.0071	0.0159	0.0283
NLESO-RtR	l_1= –0.1;l_2=1.3; l_3=0.3; γ=0.7; μ=0.2	0.0018	0.0071	0.0159	0.0265

从图 5.6 中可以看出，LESO-RtR 和 NLESO-RtR 控制器均能抑制不同程度的漂移干扰，保证输出收敛于目标值。此外，随着 δ 增加，LESO-RtR 和 NLESO-RtR 控制器的制程输出变化幅值均增加。从表 5.3 中可以看出，δ<0.8 时，NLESO-RtR 和 LESO-RtR 控制器的 MSE 是相同的，而当 δ=0.8 时，NLESO-RtR 控制器的 MSE 比 LESO-RtR 控制器的小，此时 NLESO-RtR 控制器的收敛速度比 LESO-RtR 控制器的收敛速度更快。

5.4.3　跳变、漂移和 IMA(1,1) 模型复合扰动

设 $\beta=1$，$\xi=1$ 和 $\tau=0$，设制程干扰符合 IMA(1,1) 模型，并在第 67 和第 133 批次开始分别引入跳变干扰和漂移干扰，设干扰参数为 $\sigma_{\varepsilon}^{2}=0.01$、$\theta=0.6$、$\delta=0.3$ 和 $\alpha=1$。干扰的形式如图 5.7(a) 所示。EWMA、dEWMA 批间控制器、提出的 LESO-RtR 和 NLESO-RtR 控制器的控制结果如图 5.7(b) 所示。具体的参数设定和性能比较如表 5.4 所示。

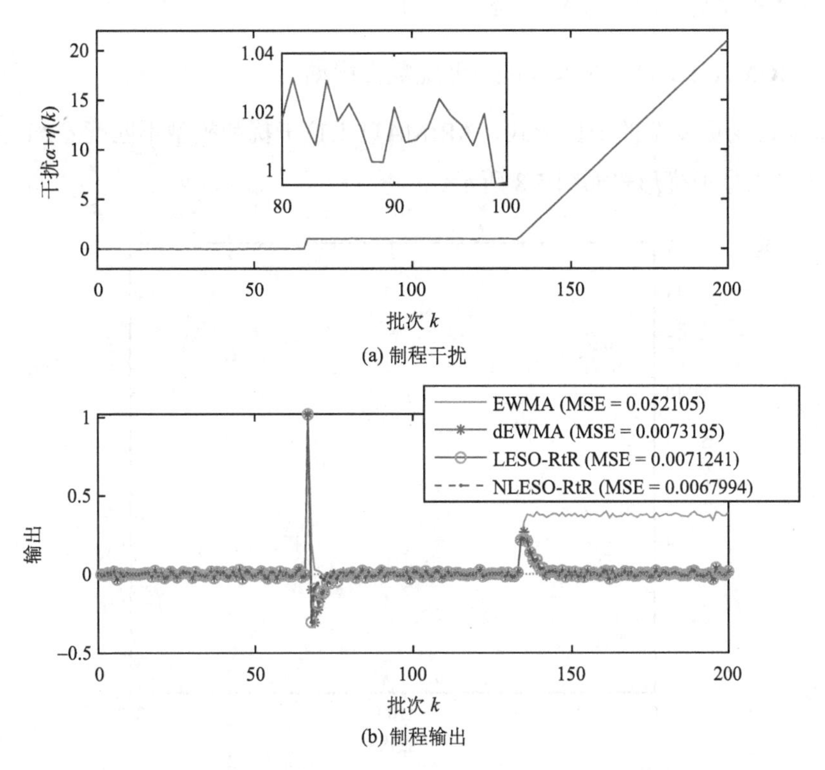

(a) 制程干扰

(b) 制程输出

图 5.7　跳变、漂移和 IMA(1,1) 模型复合扰动下的系统输出

表 5.4　跳变、漂移和 IMA(1,1) 复合扰动的不同控制器性能比较

控制器	参数	MSE
EWMA	$\lambda = 0.8$	0.0521
dEWMA	$\lambda_1 = 0.8; \lambda_2 = 0.3$	0.0073
LESO-RtR	$l_1 = 0.1; l_2 = 1.3; l_3 = 0.3$	0.0071
NLESO-RtR	$l_1 = 0.1; l_2 = 1.3; l_3 = 0.3; \gamma = 0.4; \mu = 0.2$	0.0068

从图 5.7(b) 中可以看出，这些批间控制器均能抑制跳变干扰，保证输出跟踪上目标值，但是，在漂移干扰下，EWMA 批间控制器的输出与目标值之间出现了不同程度的偏差，而 dEWMA 批间控制器、提出的 LESO-RtR 和 NLESO-RtR 控制器则可以保证输出无偏地跟踪上目标值。从表 5.4 也可以看出，EWMA 批间控制器的输出 MSE 明显大于后三种批间控制器的 MSE，这是由于 EWMA 批间控制器的系统输出与目标值之间存在偏差。值得一提的是，在这些批间控制器中，NLESO-RtR 控制器的输出 MSE 是最小的。

5.4.4　ARIMA(1,1,1) 干扰和模型不匹配复合扰动

本节讨论更复杂的干扰形式，ARIMA(1,1,1) 干扰和模型不匹配 $\xi \neq 1$ 干扰。ARIMA(1,1,1) 干扰形式如图 5.8 所示。

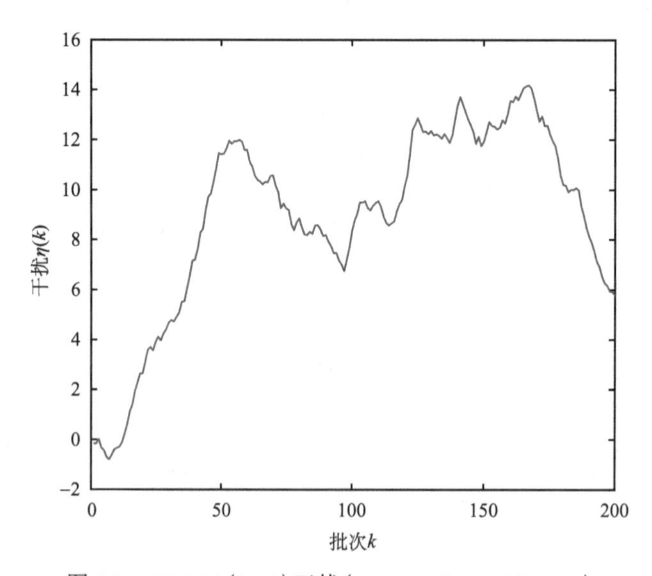

图 5.8　ARIMA(1,1,1) 干扰（$\sigma = 0.5; \phi = 0.9; \theta = 0.4$）

设定$\tau=0$。dEWMA、LESO-RtR 和 NLESO-RtR 控制器在不同ξ下的输出 MSE 如表 5.5 所示。为了更清晰地展示 MSE 的比较情况，特引入性能提升指标 (PI) 展示所提算法相对于 dEWMA 批间控制器输出 MSE 的变化，具体数值如表 5.5 括号内的数字所示。

$$PI=\frac{\text{基准}-\text{MSE}}{\text{基准}}\times 100\% \tag{5.30}$$

表 5.5　ARIMA(1,1,1)干扰和模型不匹配情况下不同批间控制器性能比较

控制器	参数	ξ=0.6	ξ=0.9	ξ=1.1	ξ=1.4
dEWMA	λ_1=0.9; λ_2=0.7	0.1074 (基准)	0.0766 (基准)	0.0771 (基准)	0.1367 (基准)
LESO-RtR	l_1= –0.1; l_2= –1.4; l_3= 0.1	0.0998 (7.11%)	0.0701 (8.51%)	0.0697 (9.64%)	0.1142 (16.48%)
NLESO-RtR	l_1= –0.1; l_2= 1.4; l_3= –0.1; γ=0.1; μ=0.2	0.0980 (8.76%)	0.0693 (9.55%)	0.0690 (10.53%)	0.1107 (19.05%)

如表 5.5 所示，与 dEWMA 批间控制器相比，LESO-RtR 和 NLESO-RtR 控制器始终具有良好的性能。此外，NLESO-RtR 控制器性能最佳，这是由于 NLESO 实现了更精确的估计。通过以上两个仿真的比较可知，当制程受到跳变、漂移、IMA(1,1)干扰、ARIMA(1,1,1)干扰，甚至模型不匹配等干扰时，LESO-RtR 和 NLESO-RtR 控制器均取得了良好的性能。

5.5　工业数据实例分析

采用从工厂获得的光刻制程的数据进行反向工程验证所提算法的有效性。光刻是用于将掩模图案转移到硅晶片表面的操作单元，其简化示意如图 5.9 所示。

硅基板上留下图案的清晰度会影响后续工作。图案清晰度通常用 CD 表示。紫外线(ultraviolet, UV)的辐射量与从硅基板上去除的掩模材料的量成比例，从而直接影响 CD[17,18]。批间控制器通过控制输入量 UV 辐射时间来控制输出品质 CD，从而提高该制程的成品率。

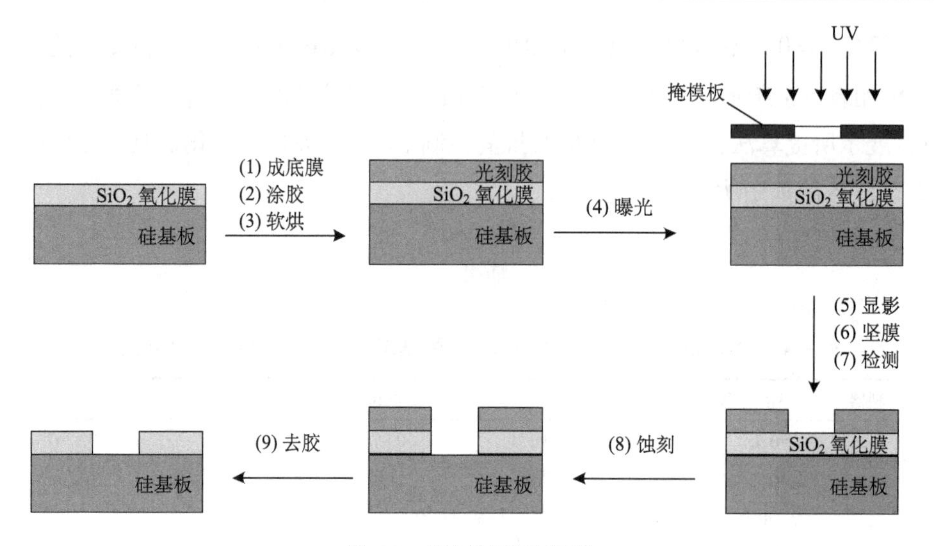

图 5.9　光刻制程示意图

该光刻制程数据包括在同一机台上生产的 5 种不同产品，对应混合制程参数为 $\varXi=1$ 和 $\varOmega=5$，即有 5 个线程。通过实验设计，总共获得 1104 个批次的输入和输出数据，这些数据的线性回归如图 5.10 所示。

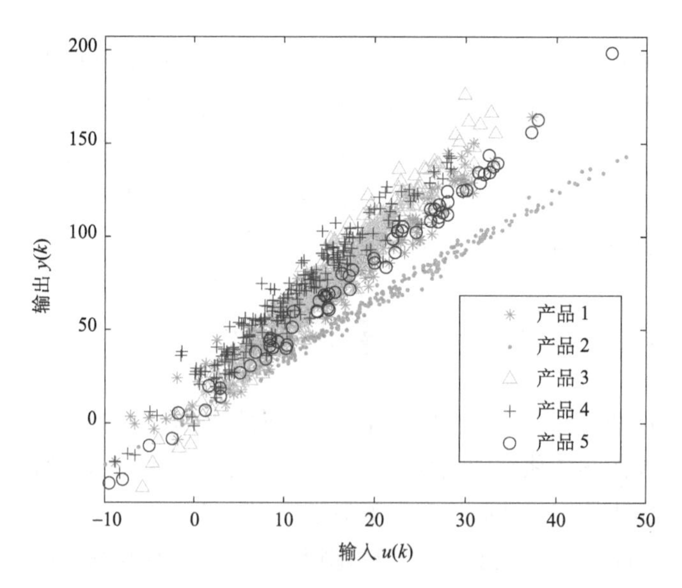

图 5.10　5 种产品的输入输出数据分析图

具体的回归参数如表 5.6 所示。从表 5.6 中可以看出，不同产品出现频率不同。其中，#5 产品是低频产品(生产频率只有 5.98%)，而其他的产品是高频产品(生产频率都超过了 17%）。

表 5.6　5 种产品的输入输出数据关系

产品	增益(β)	截距(α)	生产频率
#1	3.96	13.38	25.54%
#2	2.93	6.42	22.19%
#3	4.87	5.27	28.99%
#4	4.28	20.50	17.30%
#5	4.04	6.34	5.98%

根据上述数据，使用基于线程的 LESO-RtR 和 NLESO-RtR 控制器和 T-dEWMA 批间控制器进行反向工程验证。在仿真中，设 $\tau=0, \xi=1$，并规定所有的线程都使用同一组控制器参数，整体输出情况如图 5.11 所示，具体的控制器参数和整体输出比较如表 5.7 所示。

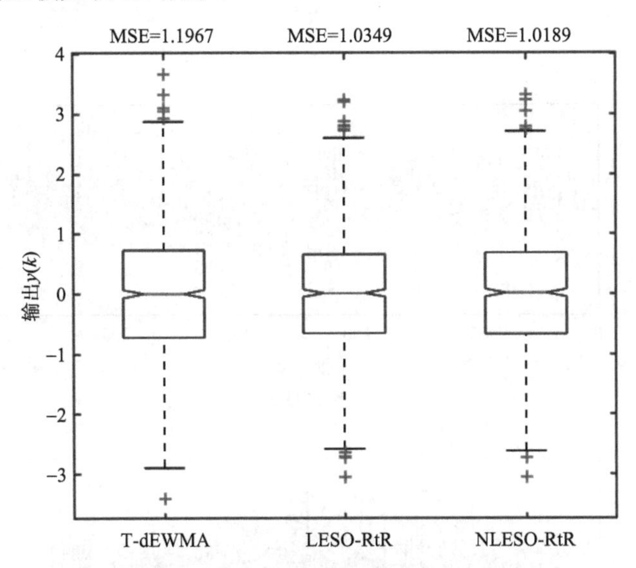

图 5.11　三种批间控制器的性能对比

表 5.7　不同批间控制器的反向工程验证

控制器	参数	MSE(整体)	PI
T-dEWMA	$\lambda_1=0.3;\lambda_2=0.01$	1.1967	基准
LESO-RtR	$l_1=0.7;l_2=0.1;l_3=0$	1.0349	13.5205%
NLESO-RtR	$l_1=0.6;l_2=0.05;l_3=-0.001;$ $\gamma=0.1;\mu=0.4$	1.0189	14.8575%

从表 5.7 可以看出，与 T-dEWMA 相比，LESO-RtR 和 NLESO-RtR 控制器的总体输出 MSE 分别降低了 13.5205%和 14.8575%。从图 5.11 也可以看出，LESO-RtR 和 NLESO-RtR 输出更加集中。

由于生产信息不同程度的缺乏，批间控制器对不同频率产品的控制效果不同。通常情况下，低频产品的控制品质较差。各产品的生产品质情况如图 5.12，各产品的制程输出 MSE 如表 5.8 所示。

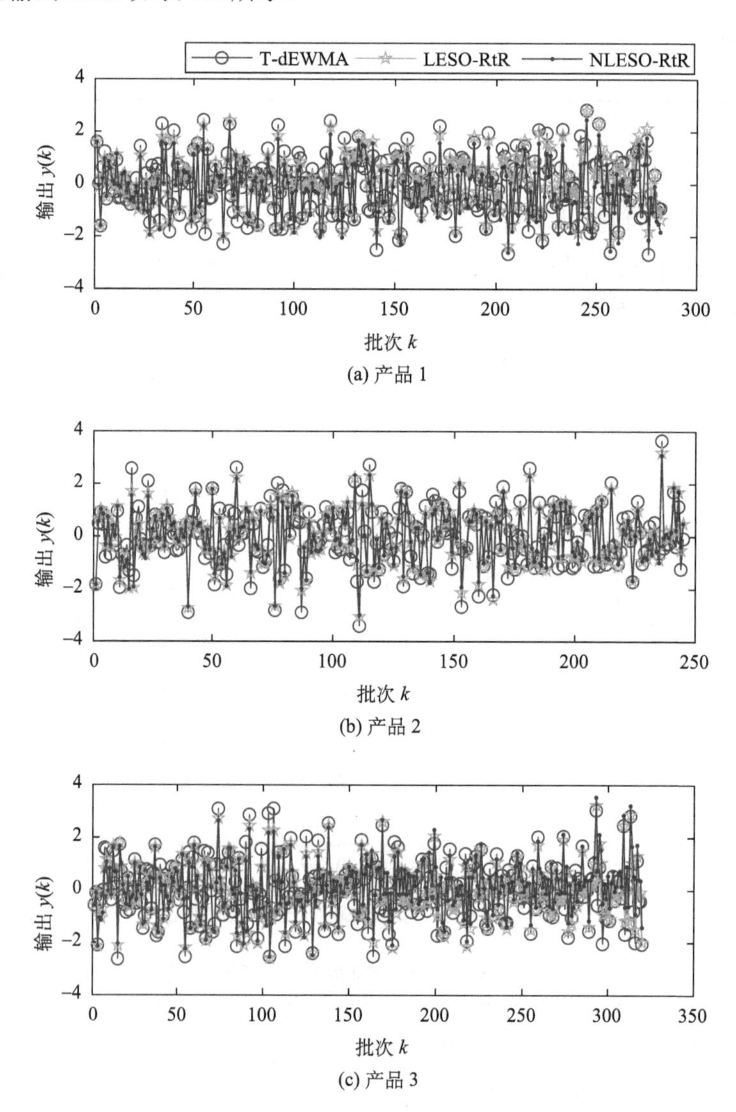

(a) 产品 1

(b) 产品 2

(c) 产品 3

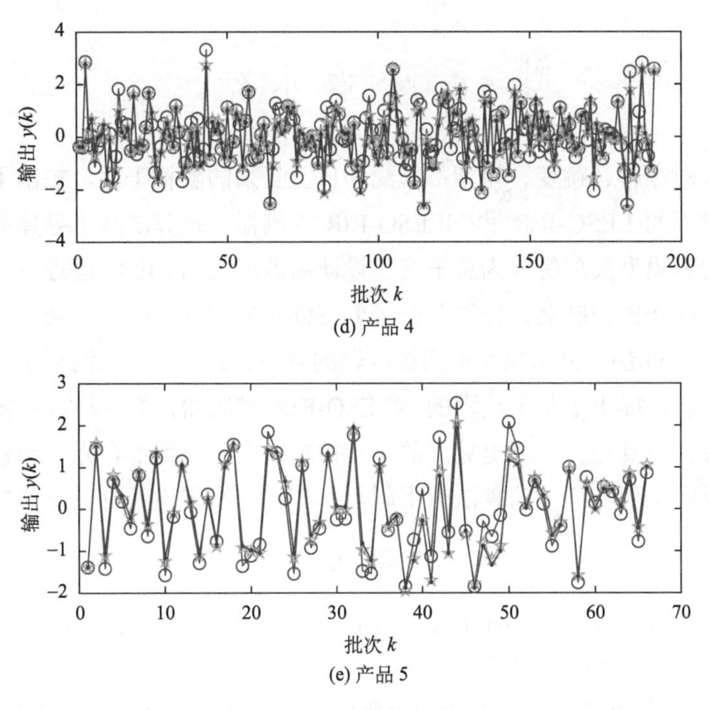

图 5.12　五种产品的控制输出

表 5.8　三种批间控制器性能比较

控制器 \ 产品	1	2	3	4	5
T-dEWMA	1.1922 (基准)	1.2329 (基准)	1.2022 (基准)	1.1488 (基准)	1.1941 (基准)
LESO-RtR	1.0285 (13.7313%)	1.0645 (13.6554%)	1.0304 (14.2917%)	1.0156 (11.5896%)	1.0299 (13.7564%)
NLESO-RtR	1.0123 (15.0852%)	1.0327 (16.2383%)	1.0252 (14.7170%)	1.0045 (12.5564%)	1.0059 (15.7617%)

从表 5.8 可得，由 LESO-RtR 和 NLESO-RtR 控制的#5 产品的 MSE，相对于 T-dEWMA 分别降低了 13.7564%和 15.7617%。同时，LESO-RtR 和 NLESO-RtR 控制器对其他产品的 MSE 降低幅度均超过了 11%。

反向工程验证表明，所提出的 LESO-RtR 和 NLESO-RtR 控制器对于实际混合制程具有优越的干扰抑制能力，保证输出收敛于目标值，而且对混合制程中的低频产品也具有出色的控制性能。

5.6 本章小结

本章针对漂移、跳变、模型不匹配和日益复杂的随机干扰，提出了适用于半导体元件制程的 LESO-RtR 和 NLESO-RtR 控制器。该算法将半导体晶圆制程中的外部干扰和模型失配等视为总干扰，设计离散形式的 LESO 进行估计，并设计相应的 LESO-RtR 控制器，详细分析了 LESO-RtR 控制器的稳定域、干扰抑制能力，及其与 EWMA、dEWMA 批间控制器的联系。此外，考虑混合制程中干扰更加复杂的情况，提出了基于线程的 NLESO-RtR 控制器，并分析其稳定条件。最后，通过数值仿真验证了所提算法的干扰抑制能力。采用混合光刻制程的生产数据，通过反向工程验证了该算法对不同频率产品的线程均具有良好的控制性能。

参考文献

[1] Han J Q. From PID to active disturbance rejection control[J]. IEEE Transactions on Industrial Electronics, 2009, 56(3): 900-906.

[2] Jiang Y, Sun Q, Zhang X, et al. Pressure regulation for oxygen mask based on active disturbance rejection control[J]. IEEE Transactions on Industrial Electronics, 2017, 64(8): 6402-6411.

[3] Alonge F, Cirrincione M, D'Ippolito F, et al. Robust active disturbance rejection control of induction motor systems based on additional sliding-mode component[J]. IEEE Transactions on Industrial Electronics, 2017, 64(7): 5608-5621.

[4] Liu J, Vazquez S, Wu L, et al. Extended state observer-based sliding-mode control for three-phase power converters[J]. IEEE Transactions on Industrial Electronics, 2017, 64(1): 22-31.

[5] Zhang H, Zhao S, Gao Z. An active disturbance rejection control solution for the two-mass-spring benchmark problem[C]//Proceedings of the American Control Conference, 2016, 1566-1571.

[6] Yang R, Sun M, Chen Z. Active disturbance rejection control on first-order plant[J/OL]. Journal of Systems Engineering and Electronics, 2011, 22(1): 95-102.

[7] Chen Z, Sun M, Yang R. On the stability of linear active disturbance rejection control[J]. Acta Automatica Sinica, 2013, 39(5): 574-580.

[8] Miklosovic R, Radke A, Gao Z. Discrete implementation and generalization of the extended state observer[C]//Proceedings of the American Control Conference, 2006, 2209-2214.

[9] 邵立伟, 廖晓钟, 夏元清, 等. 三阶离散扩张状态观测器的稳定性分析及其综合[J]. 信息与控制, 2008, 37(2): 135-139.

[10] Li J, Xia Y, Qi X, et al. On convergence of the discrete-time nonlinear extended state observer[J/OL]. Journal of the Franklin Institute, 2018, 355(1): 501-519.

[11] Sachs E, Hu A, Ingolfsson A, et al. Modeling and control of an expitaxial silicon deposition process with step disturbances[C]//IEEE/SEMI Advanced Semiconductor Manufacturing Conference and Workshop, 1991, 104-107.

[12] 韩京清, 张荣. 二阶扩张状态观测器的误差分析[J]. 系统科学与数学, 1998, 19(4): 465-471.

[13] Hwang S H, Lin J C, Wang H C. Robustness diagrams based optimal design of run-to-run control subject to deterministic and stochastic disturbances[J/OL]. Journal of Process Control, 2018, 63: 47-64.

[14] Bode C A, Wang J, He Q P, et al. Run-to-run control and state estimation in high-mix semiconductor manufacturing[J]. Annual Reviews in Control, 2007, 31(2): 241-253.

[15] Gao Z, Huang Y, Han J. An alternative paradigm for control system design[J]. Proceedings of the IEEE Conference on Decision and Control, 2001, 5: 4578-4585.

[16] Pasadyn A J, Edgar T F. Observability and state estimation for multiple product control in semiconductor manufacturing[J]. IEEE Transactions on Semiconductor Manufacturing, 2005, 18(4): 592-604.

[17] Yu J, Qin S J. Variance component analysis based fault diagnosis of multi-layer overlay lithography processes[J]. IIE Transactions(Institute of Industrial Engineers), 2009, 41(9): 764-775.

[18] Park K, Morrison J R. Controlled wafer release in clustered photolithography tools: flexible flow line job release scheduling and an LMOLP heuristic[J]. IEEE Transactions on Automation Science and Engineering, 2015, 12(2): 642-655.

第 6 章　带测量时延制程的批间控制器性能分析

6.1　引　　言

在半导体晶圆制造过程中，每道工序都是复杂的物理化学反应过程。而晶圆的品质通常都是离线测量的，亦即系统输出反馈通常会有一定的延迟，甚至间断。若当前批次的晶圆品质信息不能及时用于下一批次的扰动估计，不仅会影响产品的良率，更有可能影响批间控制器的稳定性。Box 等[1]分析了测量时延对系统造成的潜在影响，并给出系统稳定性条件。Wu 等[2]分析了测量时延系统的暂态行为，讨论了 EWMA 滤波器的性能，提出了批间控制器最优参数的选择方法。Good 等[3]进一步研究了 MIMO 系统中固定测量时延与 EWMA 批间控制器性能及系统稳定性的关系。Gong 等[4]采用 Routh-Hurwitz 定理讨论了 dEWMA 批间控制器的闭环稳定域随测量时延变化情况。Wang 等[5]基于贝叶斯理论估算系统固定时延大小，并采用最小熵方法设计了状态反馈控制律。Lee 等[6]在扰动观测器的框架下描述批间控制结构，并根据测量时延设定 EWMA 滤波器参数，克服测量时延对系统的不良影响。离线抽样的检测方式使得测量时延具有随机性、时变性[7]。Ai 等[8]基于 Markov 链理论，推算出各批次测量时延的概率，并在此基础上分析了系统的稳定性和折扣因子的选择范围。Zheng 等[9]基于上述分析思想，结合 Takagi-Sugeno 模糊理论，提出了 TS-EWMA-COM 方法，降低了测量时延对混合制程批间控制器的影响。

半导体晶圆加工过程可用如下方程描述：

$$y(k)=\alpha+\beta u(k)+\eta(k) \tag{6.1}$$

式中，$y(k)$ 和 $u(k)$ 分别是第 k 批次的输入和输出；β 是过程增益；α 为截距项；$\eta(k)$ 是时变扰动项。

该过程采用 EWMA 批间控制，即

输出估计式

$$\hat{y}(k)=bu(k)+a(k) \tag{6.2}$$

EWMA 滤波器

$$a(k)=\lambda\left(y(k-1)-bu(k-1)\right)+\left(1-\lambda\right)a(k-1) \tag{6.3}$$

反馈控制律

$$u(k)=\frac{\tau-a(k)}{b} \tag{6.4}$$

式中，τ 为目标值；b 为增益 β 的估计值；$a(k)$ 为扰动估计值；$\lambda\in[0,1]$ 为 EWMA 滤波器的折扣因子。

6.2　带固定测量时延制程的批间控制器性能分析

由于生产成本和测量技术的制约，实际生产过程中通常会存在测量时延。设第 k 批次，滤波器采用的是第 $k-\vartheta(k)$ 批次的输出，$0\leqslant\vartheta(k)\leqslant k-1$，测量输出可记为 $y(k-\vartheta(k))$。

当测量时延固定，即测量时延为 $\vartheta(k-1)=\vartheta(k)=d$ 时，无需考虑测量时延概率转移矩阵，则 EWMA 滤波器为

$$a(k)=\lambda\big(y(k-1-d)-bu(k-1-d)\big)+(1-\lambda)a(k-1) \tag{6.5}$$

不失一般性，设 $\tau=0$，则系统的闭环响应为

$$y(k)=\frac{1-(1-\lambda)z^{-1}-\lambda z^{-(d+1)}}{1-(1-\lambda)z^{-1}-\lambda(1-\xi)z^{-(d+1)}}\big(a+\eta(k)\big) \tag{6.6}$$

式中，$\xi=\beta/b$ 为模型不匹配系数；z^{-1} 是后移算子。

由式(6.6)得闭环系统的特征方程为

$$G\left(z^{-1}\right)=1-(1-\lambda)z^{-1}-\lambda(1-\xi)z^{-(d+1)}=0 \tag{6.7}$$

当测量时延固定且已知时，系统稳定的条件是式(6.7)的解均在单位圆内。通过 Jury 判据获得不同固定测量时延时的系统稳定条件。

以 $d=2$ 为例，则系统的闭环系统的特征方程为

$$G(z)=z^3-(1-\lambda)z^2-\lambda(1-\xi)=0 \tag{6.8}$$

列 Jury 表，如表 6.1 所示。

表 6.1　固定时延为 2 的 EWMA 批间控制器闭环传递函数的 Jury 表

	z^0	z^1	z^2	z^3
1	$-\lambda(1-\xi)$	0	$-(1-\lambda)$	1
2	1	$-(1-\lambda)$	0	$-\lambda(1-\xi)$
3	$\lambda^2(1-\xi)^2-1$	$1-\lambda$	$\lambda(1-\xi)(1-\lambda)$	0

根据 Jury 判据，得

$$\begin{cases} G(z)|_{z=1}=\lambda\xi>0 \\ (-1)^3 G(z)|_{z=-1}=\left(2-\lambda\xi\right)>0 \\ |\lambda(1-\xi)|<1 \\ |\lambda^2(1-\xi)^2-1|>|\lambda(1-\xi)(1-\lambda)| \end{cases} \tag{6.9}$$

解得

$$\begin{cases} 0<\xi<\dfrac{2}{\lambda} \\ -\dfrac{1-\lambda}{\lambda}<\xi<\dfrac{1+\lambda}{\lambda} \\ |\lambda^2(1-\xi)^2-1|>|\lambda(1-\xi)(1-\lambda)| \end{cases} \tag{6.10}$$

由 Jury 判据分析可得，在不同的固定测量时延时，EWMA 滤波器的折扣因子 λ 可调范围如图 6.1 所示。

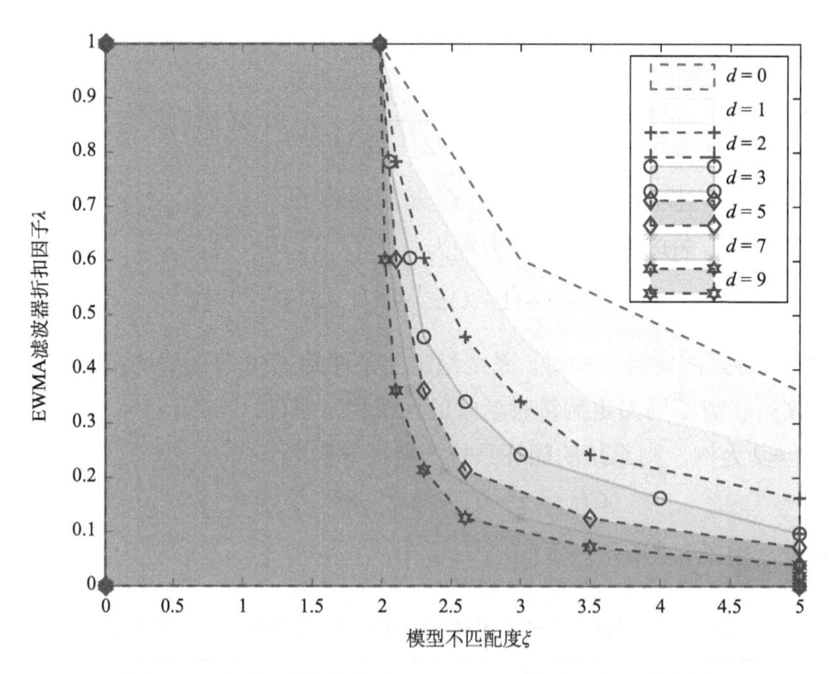

图 6.1　不同的固定测量时延时 EWMA 滤波器的调参范围

由图 6.1 可知，EWMA 滤波器的折扣因子 λ 可调范围随着固定测量时延的增加而减小。此外，当 $\xi<2$，即当系统增益模型大于系统实际增益的一半时，EWMA

滤波器的折扣因子 λ 可在 $[0,1]$ 范围内任意调节。当 $\xi \geqslant 2$ 时，ξ 越大，EWMA 滤波器的折扣因子 λ 的可调范围越小。

6.3　带时变测量时延制程的批间控制器性能分析

在半导体晶圆生产过程中，$\vartheta(k)$ 未必与 $\vartheta(k-1)$ 相等。约定批间控制器采用最靠近第 k 批次的测量值进行计算。即在第 k 批次时，若 $\vartheta(k-1)+1<\vartheta(k)$，则取 $y\left(k-\vartheta(k)\right)=y\left(k-1-\vartheta(k-1)\right)$ 作为第 k 批次控制器晶圆品质数据，测量时延则更新为 $\vartheta(k)=\vartheta(k-1)+1$。因此，本节将分析该时变测量时延情况下的 EWMA 批间控制器的稳定性。

根据上述约定，每批次的测量时延至多增加 1，也就是说 $\vartheta(k+1)\leqslant\vartheta(k)+1$，且 $\mathrm{Prob}\left(\vartheta(k+1)\geqslant\vartheta(k)+2\right)=0$。因为 $\vartheta(k+1)$ 只受 $\vartheta(k)$ 的影响，所以 $\{\vartheta(k)\}$ 是一组 Markov 链数据。设 $p_{ij}=\mathrm{Prob}\left(\vartheta(k+1)\mid\vartheta(k)\right)$，则测量时延的概率转移矩阵为

$$
\boldsymbol{P}=[\boldsymbol{p}_{ij}]=\begin{bmatrix}
p_{00} & p_{01} & 0 & \cdots & 0 & 0 & \cdots \\
p_{10} & p_{11} & p_{12} & \cdots & 0 & 0 & \cdots \\
\vdots & \vdots & \vdots & & \vdots & \vdots & \\
p_{d-1,0} & p_{d-1,1} & p_{d-1,2} & \cdots & p_{d-1,d} & 0 & \cdots \\
p_{d,0} & p_{d,1} & p_{d,2} & \cdots & p_{d,d} & p_{d,d-1} & \cdots \\
\vdots & \vdots & \vdots & & \vdots & \vdots &
\end{bmatrix}_{\infty\times\infty} \tag{6.11}
$$

式中，$i,j\in\{0,1,\cdots,\infty\}$；$0\leqslant \boldsymbol{p}_{ij}\leqslant 1$ 且 $\sum\limits_{j=0}^{\infty}\boldsymbol{p}_{ij}=1$。

概率转移矩阵的每行表示由一个测量时延转移到其他测量时延的可能性；对角线表示测量时延相同；对角线以下表示测量时延变小；对角线以上表示测量时延变大。

6.3.1　批间控制器稳定性分析

考虑时变测量时延，EWMA 滤波器为

$$
a(k+1)=\lambda\Big(y\big(k-\vartheta(k)\big)-bu\big(k-\vartheta(k)\big)\Big)+(1-\lambda)a(k) \tag{6.12}
$$

设最大的测量时延数为 $\vartheta_{\max}$，定义状态变量为

$$
\boldsymbol{X}(k)=[a(k)\ \ a(k-1)\cdots a\big(k-\vartheta(k)\big)\cdots a\big(k-\vartheta_{\max}\big)]^{\mathrm{T}} \tag{6.13}
$$

结合式(6.13)的定义，可得在由式(6.12)和式(6.4)控制的系统(6.1)中，状态更新为

$$\boldsymbol{X}(k+1)=\boldsymbol{\Theta}\left(\vartheta(k-1),\vartheta(k)\right)\boldsymbol{X}(k) \tag{6.14}$$

式中，$\boldsymbol{\Theta}\left(\vartheta(k-1),\vartheta(k)\right)$由控制器和最大测量时延数决定。

至此，含测量时延的系统(6.12)转化成了无测量时延的齐次马尔可夫链形式的离散线性模型(6.14)。由采用最靠近当前k批次测量值的约定和式(6.12)得

$$a(k+1)=\begin{cases}(1-\lambda)a(k)+\lambda(1-\xi)a\left(k-\vartheta(k)\right), & \vartheta(k-1)\geqslant\vartheta(k)\\ a(k), & \vartheta(k-1)<\vartheta(k)\end{cases} \tag{6.15}$$

由式(6.15)可得

(1)当系统无测量时延时，即$\vartheta(k-1)=\vartheta(k)=0$，则$\boldsymbol{\Theta}\left(\vartheta(k-1),\vartheta(k)\right)=1-\xi\lambda$。

(2)当$\vartheta_{\max}=1$时，$\boldsymbol{\Theta}\left(\vartheta(k-1),\vartheta(k)\right)=\boldsymbol{\Theta}(0,0)=\begin{bmatrix}1-\xi\lambda & 0\\ 1 & 0\end{bmatrix}$，

$\boldsymbol{\Theta}\left(\vartheta(k-1),\vartheta(k)\right)=\boldsymbol{\Theta}(0,1)=\begin{bmatrix}1 & 0\\ 1 & 0\end{bmatrix}$，$\boldsymbol{\Theta}\left(\vartheta(k-1),\vartheta(k)\right)=\boldsymbol{\Theta}(1,0)=\begin{bmatrix}1-\xi\lambda & 0\\ 1 & 0\end{bmatrix}$，

$\boldsymbol{\Theta}\left(\vartheta(k-1),\vartheta(k)\right)=\boldsymbol{\Theta}(1,1)=\begin{bmatrix}1-\lambda & \lambda(1-\xi)\\ 1 & 0\end{bmatrix}$。

(3)当$\vartheta_{\max}=2$时，$\boldsymbol{\Theta}(0,0)=\begin{bmatrix}1-\xi\lambda & 0 & 0\\ 1 & 0 & 0\\ 0 & 1 & 0\end{bmatrix}$，$\boldsymbol{\Theta}(0,1)=\begin{bmatrix}1 & 0 & 0\\ 1 & 0 & 0\\ 0 & 1 & 0\end{bmatrix}$，

$\boldsymbol{\Theta}(1,0)=\begin{bmatrix}1-\xi\lambda & 0 & 0\\ 1 & 0 & 0\\ 0 & 1 & 0\end{bmatrix}$，$\boldsymbol{\Theta}(1,1)=\begin{bmatrix}1-\lambda & \lambda(1-\xi) & 0\\ 1 & 0 & 0\\ 0 & 1 & 0\end{bmatrix}$，$\boldsymbol{\Theta}(1,2)=\begin{bmatrix}1 & 0 & 0\\ 1 & 0 & 0\\ 0 & 1 & 0\end{bmatrix}$，

$\boldsymbol{\Theta}(2,0)=\begin{bmatrix}1-\xi\lambda & 0 & 0\\ 1 & 0 & 0\\ 0 & 1 & 0\end{bmatrix}$，$\boldsymbol{\Theta}(2,1)=\begin{bmatrix}1-\lambda & \lambda(1-\xi) & 0\\ 1 & 0 & 0\\ 0 & 1 & 0\end{bmatrix}$，

$\boldsymbol{\Theta}(2,2)=\begin{bmatrix}1-\lambda & 0 & \lambda(1-\xi)\\ 1 & 0 & 0\\ 0 & 1 & 0\end{bmatrix}$。

针对形如式(6.14)这样的系统，定义随机稳定如下：

定义 6.1：对于每个有限的$\boldsymbol{X}(0)$和初始测量时延$\vartheta(0)\in S$，其中，$S=\{0,1,\cdots,\vartheta_{\max}\}$是所有测量时延可能值的集合，如果下式成立

$$E\left(\sum_{k=0}^{\infty}\|\boldsymbol{X}(k)\|^2\,|\,\boldsymbol{X}(0),\vartheta(0)\right)<\infty \tag{6.16}$$

则系统(6.14)是随机稳定的。

考虑测量时延的概率转移矩阵(6.11)，则保证系统(6.14)随机稳定的充要条件由如下定理 6.1 给出。

定理 6.1：当且仅当存在一个正定矩阵 $\boldsymbol{Q}\left(\vartheta(k-1),\vartheta(k)\right)>0$，对于任意 $\vartheta(k-1),\vartheta(k)\in\left\{0,1,\cdots,\vartheta_{\max}\right\}$ 均满足

$$\begin{pmatrix} -\boldsymbol{Q}\left(\vartheta(k-2),\vartheta(k-1)\right) & \bar{\boldsymbol{\Theta}}\left(\vartheta(k-1)\right)^{\mathrm{T}}\boldsymbol{\Omega}\left(\vartheta(k-1)\right)\hat{\boldsymbol{Q}}\left(\vartheta(k-1)\right) \\ \hat{\boldsymbol{Q}}\left(\vartheta(k-1)\right)^{\mathrm{T}}\boldsymbol{\Omega}\left(\vartheta(k-1)\right)^{\mathrm{T}}\bar{\boldsymbol{\Theta}}\left(\vartheta(k-1)\right) & -\hat{\boldsymbol{Q}}\left(\vartheta(k-1)\right) \end{pmatrix}<0 \tag{6.17}$$

则系统(6.14)是随机稳定的。其中，

$\bar{\boldsymbol{\Theta}}\left(\vartheta(k-1)\right)^{\mathrm{T}}=\left(\boldsymbol{\Theta}\left(\vartheta(k-1),0\right)^{\mathrm{T}},\boldsymbol{\Theta}\left(\vartheta(k-1),1\right)^{\mathrm{T}},\cdots,\boldsymbol{\Theta}\left(\vartheta(k-1),\vartheta_{\max}\right)^{\mathrm{T}}\right)^{\mathrm{T}}$，

$\hat{\boldsymbol{Q}}\left(\vartheta(k-1)\right)=\mathrm{diag}\left\{\boldsymbol{Q}\left(\vartheta(k-1),0\right),\boldsymbol{Q}\left(\vartheta(k-1),1\right),\cdots,\boldsymbol{Q}\left(\vartheta(k-1),\vartheta_{\max}\right)\right\}$，

$\boldsymbol{\Omega}\left(\vartheta(k-1)\right)=\mathrm{diag}\left\{\sqrt{p_{\vartheta(k-1),0}}\boldsymbol{I},\sqrt{p_{\vartheta(k-1),1}}\boldsymbol{I},\cdots,\sqrt{p_{\vartheta(k-1),\vartheta_{\max}}}\boldsymbol{I}\right\}$，$\boldsymbol{I}$ 是适当维数的单位矩阵。

证明：

充分性：构建随机 Lyapunov 函数

$$\boldsymbol{V}\left(\boldsymbol{X}(k),\vartheta(k-2),\vartheta(k-1)\right)=\boldsymbol{X}(k)^{\mathrm{T}}\boldsymbol{Q}\left(\vartheta(k-2),\vartheta(k-1)\right)\boldsymbol{X}(k) \tag{6.18}$$

则

$$\begin{aligned} &\boldsymbol{E}\left[\Delta\boldsymbol{V}\left(\boldsymbol{X}(k),\vartheta(k-2),\vartheta(k-1)\right)\right] \\ &=\boldsymbol{E}\left[\boldsymbol{V}\left(\boldsymbol{X}(k+1),\vartheta(k-1),\vartheta(k)\right)\right]-\boldsymbol{E}\left[\boldsymbol{V}\left(\boldsymbol{X}(k),\vartheta(k-2),\vartheta(k-1)\right)\right] \\ &=\sum_{\vartheta(k)=0}^{\vartheta_{\max}}p_{\vartheta(k-1),\vartheta(k)}\boldsymbol{X}(k+1)^{\mathrm{T}}\boldsymbol{Q}\left(\vartheta(k-1),\vartheta(k)\right)\boldsymbol{X}(k+1)-\boldsymbol{X}(k)^{\mathrm{T}}\boldsymbol{Q}\left(\vartheta(k-2),\vartheta(k-1)\right)\boldsymbol{X}(k) \\ &=\boldsymbol{X}(k)^{\mathrm{T}}\boldsymbol{L}\boldsymbol{X}(k) \end{aligned} \tag{6.19}$$

式中，

$$\begin{aligned}\boldsymbol{L}=&\sum_{\vartheta(k)=0}^{\vartheta_{\max}}p_{\vartheta(k-1),\vartheta(k)}\boldsymbol{\Theta}\left(\vartheta(k-1),\vartheta(k)\right)^{\mathrm{T}}\boldsymbol{Q}\left(\vartheta(k-1),\vartheta(k)\right)\boldsymbol{\Theta}\left(\vartheta(k-1),\vartheta(k)\right) \\ &-\boldsymbol{Q}\left(\vartheta(k-2),\vartheta(k-1)\right)\end{aligned} \tag{6.20}$$

当存在一个正定矩阵 $\boldsymbol{Q}\left(\vartheta(k-1),\vartheta(k)\right)>0$ 时，对于任意 $\vartheta(k-1),\vartheta(k)\in\left\{0,1,\cdots,\vartheta_{\max}\right\}$ 均满足式(6.17)时，有 $\boldsymbol{L}<0$。所以

$$\begin{aligned}
&\boldsymbol{E}\left[\Delta \boldsymbol{V}\left(\boldsymbol{X}(k), \vartheta(k-2), \vartheta(k-1)\right)\right] \\
&\quad = \boldsymbol{X}^{\mathrm{T}}(k)\boldsymbol{L}\boldsymbol{X}(k) \\
&\quad = -\boldsymbol{X}^{\mathrm{T}}(k)(-\boldsymbol{L})\boldsymbol{X}(k) \\
&\quad \leqslant -\rho_{\min}\left(\vartheta(k-2), \vartheta(k-1)\right)\boldsymbol{X}^{\mathrm{T}}(k)\boldsymbol{X}(k) \\
&\quad \leqslant -\varsigma\left\|\boldsymbol{X}(k)\right\|^2
\end{aligned} \tag{6.21}$$

式中，$\rho_{\min}\left(\vartheta(k-2), \vartheta(k-1)\right)$是$\boldsymbol{L}$最小的特征值；$\varsigma = \inf\limits_{\vartheta(k-2), \vartheta(k-1)\in S}\left(\rho_{\min}\left(\vartheta(k-2), \vartheta(k-1)\right)\right)$是对$\vartheta(k-2), \vartheta(k-1)$所有可能组合的$\rho_{\min}\left(\vartheta(k-2), \vartheta(k-1)\right)$的最小值。

设制程总共运行K批次，由不等式(6.21)，可得

$$\begin{cases}
\boldsymbol{E}\left[\boldsymbol{V}\left(\boldsymbol{X}(2), \vartheta(0), \vartheta(1)\right)\right] - \boldsymbol{E}\left[\boldsymbol{V}\left(\boldsymbol{X}(1), \vartheta(0)\right)\right] \leqslant -\varsigma\left\|\boldsymbol{X}(1)\right\|^2 \\
\boldsymbol{E}\left[\boldsymbol{V}\left(\boldsymbol{X}(3), \vartheta(1), \vartheta(2)\right)\right] - \boldsymbol{E}\left[\boldsymbol{V}\left(\boldsymbol{X}(2), \vartheta(0), \vartheta(1)\right)\right] \leqslant -\varsigma\left\|\boldsymbol{X}(2)\right\|^2 \\
\qquad\vdots \\
\boldsymbol{E}\left[\boldsymbol{V}\left(\boldsymbol{X}(K+1), \vartheta(K-1), \vartheta(K)\right)\right] - \boldsymbol{E}\left[\boldsymbol{V}\left(\boldsymbol{X}(K), \vartheta(K-2), \vartheta(K-1)\right)\right] \leqslant -\varsigma\left\|\boldsymbol{X}(K)\right\|^2
\end{cases}$$

所以

$$\begin{aligned}
\sum_{k=1}^{K}\left\|\boldsymbol{X}(k)\right\|^2 &\leqslant \frac{1}{\varsigma}\left(\boldsymbol{E}\left[\boldsymbol{V}\left(\boldsymbol{X}(1), \vartheta(0)\right)\right] - \boldsymbol{E}\left[\boldsymbol{V}\left(\boldsymbol{X}(K+1), \vartheta(K-1), \vartheta(K)\right)\right]\right) \\
&\leqslant \frac{1}{\varsigma}\boldsymbol{E}\left[\boldsymbol{V}\left(\boldsymbol{X}(1), \vartheta(0)\right)\right]
\end{aligned} \tag{6.22}$$

也就是说

$$\begin{aligned}
\lim_{K\to\infty}\boldsymbol{E}\left[\sum_{k=0}^{K}\left\|\boldsymbol{X}(k)\right\|^2 \middle| \boldsymbol{X}(0), \vartheta(0)\right] &\leqslant \frac{1}{\varsigma}\boldsymbol{E}\left[\boldsymbol{V}\left(\boldsymbol{X}(0), \vartheta(0)\right)\right] \\
&\leqslant \frac{1}{\varsigma}\boldsymbol{X}(0)^{\mathrm{T}}\boldsymbol{Q}\left(\vartheta(0)\right)\boldsymbol{X}(0) < \infty
\end{aligned} \tag{6.23}$$

结合定义 6.1，系统(6.14)是稳定的。

必要性：

定义

$$\begin{aligned}
&\boldsymbol{E}\left[\boldsymbol{X}(k)^{\mathrm{T}}\tilde{\boldsymbol{Q}}\left(K-k, \vartheta(k-2), \vartheta(k-1)\right)\boldsymbol{X}(k)\right] \\
&\quad \equiv \boldsymbol{E}\left[\sum_{n=k}^{K}\boldsymbol{X}(n)^{\mathrm{T}}\boldsymbol{R}\left(\vartheta(n-2), \vartheta(n-1)\right)\boldsymbol{X}(n) \middle| \boldsymbol{X}(k), \vartheta(k-2), \vartheta(k-1)\right]
\end{aligned} \tag{6.24}$$

式中，$\boldsymbol{R}\left(\vartheta(n-2), \vartheta(n-1)\right)$是正定矩阵。

令$r_{ij} = \boldsymbol{R}\left(\vartheta(n-2)=i, \vartheta(n-1)=j\right)$。因为

$$
\begin{aligned}
&\boldsymbol{X}(n)^{\mathrm{T}} \boldsymbol{R}\big(\vartheta(n-2), \vartheta(n-1)\big) \boldsymbol{X}(n) \\
&= \sum_{i=0}^{\vartheta_{\max}} \sum_{j=0}^{\vartheta_{\max}} x(n-i) r_{ij} x(n-j) \\
&= \sum_{j=0}^{\vartheta_{\max}} x(n-i)^2 r_{ij} + 2 \sum_{\substack{i=0 \\ i \neq j}}^{\vartheta_{\max}} \sum_{j=0}^{\vartheta_{\max}} x(n-i) r_{ij} x(n-j) \\
&\leqslant \sum_{j=0}^{\vartheta_{\max}} x(n-i)^2 r_{ij} + 2 \sum_{\substack{i=0 \\ i \neq j}}^{\vartheta_{\max}} \sum_{j=0}^{\vartheta_{\max}} r_{ij} \left(x(n-i)^2 + x(n-j)^2 \right) \\
&= \sum_{j=0}^{\vartheta_{\max}} c_j x(n-j)^2 \leqslant c_{\max} \left\| \boldsymbol{X}(n) \right\|^2
\end{aligned} \tag{6.25}
$$

其中，$c_{\max} = \max\left(c_0, c_1, \cdots, c_{\vartheta_{\max}}\right)$。所以有

$$
\boldsymbol{E}\left[\boldsymbol{X}(k)^{\mathrm{T}} \tilde{\boldsymbol{Q}}\big(K-k, \vartheta(k-2), \vartheta(k-1)\big) \boldsymbol{X}(k)\right] \leqslant \boldsymbol{E}\left[\sum_{n=k}^{K} c_{\max} \left\|\boldsymbol{X}(n)\right\|^2 \middle| \boldsymbol{X}(k), \vartheta(k-2), \vartheta(k-1)\right] \tag{6.26}
$$

因为系统是随机稳定的，所以

$$
\lim_{K \to \infty} \boldsymbol{E}\left[\sum_{k=0}^{K} \left\|\boldsymbol{X}(k)\right\|^2 \middle| \boldsymbol{X}(0), \vartheta(0)\right] < \infty \tag{6.27}
$$

因此，$\boldsymbol{E}\left[\boldsymbol{X}(k)^{\mathrm{T}} \tilde{\boldsymbol{Q}}\big(K-k, \vartheta(k-2), \vartheta(k-1)\big) \boldsymbol{X}(k)\right]$是有界的，且其渐近值为

$$
\begin{aligned}
&\boldsymbol{E}\left[\boldsymbol{X}(k)^{\mathrm{T}} \boldsymbol{Q}\big(\vartheta(k-2), \vartheta(k-1)\big) \boldsymbol{X}(k)\right] \\
&= \lim_{K \to \infty} \boldsymbol{E}\left[\sum_{n=k}^{K} \boldsymbol{X}(n)^{\mathrm{T}} \boldsymbol{R}\big(\vartheta(n-2), \vartheta(n-1)\big) \boldsymbol{X}(n) \middle| \boldsymbol{X}(k), \vartheta(k-2), \vartheta(k-1)\right]
\end{aligned} \tag{6.28}
$$

同理可得

$$
\begin{aligned}
&\boldsymbol{E}\left[\boldsymbol{X}(k+1)^{\mathrm{T}} \boldsymbol{Q}\big(\vartheta(k-1), \vartheta(k)\big) \boldsymbol{X}(k+1) \middle| \boldsymbol{X}(k), \vartheta(k-2), \vartheta(k-1)\right] \\
&= \lim_{K \to \infty} \boldsymbol{E}\left[\sum_{n=k+1}^{K} \boldsymbol{X}(n)^{\mathrm{T}} \boldsymbol{R}\big(\vartheta(n-2), \vartheta(n-1)\big) \boldsymbol{X}(n) \middle| \boldsymbol{X}(k), \vartheta(k-2), \vartheta(k-1)\right]
\end{aligned} \tag{6.29}
$$

把式(6.28)代入式(6.29)可得

$$
\begin{aligned}
&\boldsymbol{E}\left[\boldsymbol{X}(k+1)^{\mathrm{T}}\boldsymbol{Q}\left(\vartheta(k-1),\vartheta(k)\right)X(k+1)\middle|X(k),\vartheta(k-2),\vartheta(k-1)\right]\\
&\qquad-\boldsymbol{E}\left[X(k)^{\mathrm{T}}\boldsymbol{Q}\left(\vartheta(k-2),\vartheta(k-1)\right)X(k)\right]\\
&\quad=\sum_{\vartheta(k)=0}^{\vartheta_{\max}}p_{\vartheta(k-1),\vartheta(k)}\boldsymbol{X}(k)^{\mathrm{T}}\boldsymbol{\Theta}\left(\vartheta(k-1),\vartheta(k)\right)^{\mathrm{T}}\boldsymbol{Q}\left(\vartheta(k-1),\vartheta(k)\right)\boldsymbol{\Theta}\left(\vartheta(k-1),\vartheta(k)\right)\boldsymbol{X}(k)\\
&\qquad\quad-\boldsymbol{X}(k)^{\mathrm{T}}\boldsymbol{Q}\left(\vartheta(k-2),\vartheta(k-1)\right)\boldsymbol{X}(k)\\
&\quad=-\boldsymbol{X}(k)^{\mathrm{T}}\boldsymbol{R}\left(\vartheta(k-2),\vartheta(k-1)\right)\boldsymbol{X}(k)
\end{aligned}
\tag{6.30}
$$

由式(6.30)可得

$$
\begin{aligned}
&-\boldsymbol{R}\left(\vartheta(k-2),\vartheta(k-1)\right)\\
&=\sum_{\vartheta(k)=0}^{\vartheta_{\max}}p_{\vartheta(k-1),\vartheta(k)}\boldsymbol{\Theta}\left(\vartheta(k-1),\vartheta(k)\right)^{\mathrm{T}}\boldsymbol{Q}\left(\vartheta(k-1),\vartheta(k)\right)\boldsymbol{\Theta}\left(\vartheta(k-1),\vartheta(k)\right)\\
&\quad-\boldsymbol{Q}\left(\vartheta(k-2),\vartheta(k-1)\right)=\boldsymbol{L}<0
\end{aligned}
\tag{6.31}
$$

采用 Schur 补理[10]，进一步展开得

$$
\begin{aligned}
\boldsymbol{L}&=\sum_{\vartheta(k)=0}^{\vartheta_{\max}}p_{\vartheta(k-1),\vartheta(k)}\boldsymbol{\Theta}\left(\vartheta(k-1),\vartheta(k)\right)^{\mathrm{T}}\boldsymbol{Q}\left(\vartheta(k-1),\vartheta(k)\right)\boldsymbol{\Theta}\left(\vartheta(k-1),\vartheta(k)\right)-\boldsymbol{Q}\left(\vartheta(k-2),\vartheta(k-1)\right)\\
&=\boldsymbol{\Theta}\left(\vartheta(k-1),0\right)^{\mathrm{T}}p_{\vartheta(k-1),0}\boldsymbol{Q}\left(\vartheta(k-1),0\right)\boldsymbol{\Theta}\left(\vartheta(k-1),0\right)+\cdots\\
&\quad+\boldsymbol{\Theta}\left(\vartheta(k-1),\vartheta_{\max}\right)^{\mathrm{T}}p_{\vartheta(k-1),\vartheta_{\max}}\boldsymbol{Q}\left(\vartheta(k-1),\vartheta_{\max}\right)\boldsymbol{\Theta}\left(\vartheta(k-1),\vartheta_{\max}\right)-\boldsymbol{Q}\left(\vartheta(k-2),\vartheta(k-1)\right)\\
&=\underbrace{\left(\boldsymbol{\Theta}\left(\vartheta(k-1),0\right)^{\mathrm{T}}\cdots\boldsymbol{\Theta}\left(\vartheta(k-1),\vartheta_{\max}\right)^{\mathrm{T}}\right)}_{\bar{\boldsymbol{\Theta}}(\vartheta(k-1))^{\mathrm{T}}}\cdot\underbrace{\begin{pmatrix}\sqrt{p_{\vartheta(k-1),0}}I&&\\&\ddots&\\&&\sqrt{p_{\vartheta(k-1),\vartheta_{\max}}}I\end{pmatrix}}_{\boldsymbol{\Omega}(\vartheta(k-1))}\\
&\quad\underbrace{\cdot\begin{pmatrix}\boldsymbol{Q}\left(\vartheta(k-1),0\right)&&\\&\ddots&\\&&\boldsymbol{Q}\left(\vartheta(k-1),\vartheta_{\max}\right)\end{pmatrix}}_{\hat{\boldsymbol{Q}}(\vartheta(k-1))}\\
&\quad\cdot\underbrace{\begin{pmatrix}\sqrt{p_{\vartheta(k-1),0}}I&&\\&\ddots&\\&&\sqrt{p_{\vartheta(k-1),\vartheta_{\max}}}I\end{pmatrix}}_{\boldsymbol{\Omega}(\vartheta(k-1))^{\mathrm{T}}}\cdot\underbrace{\begin{pmatrix}\boldsymbol{\Theta}\left(\vartheta(k-1),0\right)\\\vdots\\\boldsymbol{\Theta}\left(\vartheta(k-1),\vartheta_{\max}\right)\end{pmatrix}}_{\bar{\boldsymbol{\Theta}}(\vartheta(k-1))}-\boldsymbol{Q}\left(\vartheta(k-2),\vartheta(k-1)\right)
\end{aligned}
$$

$$
\begin{aligned}
&=\bar{\boldsymbol{\Theta}}\left(\vartheta(k-1)\right)^{\mathrm{T}}\boldsymbol{\Omega}\left(\vartheta(k-1)\right)\hat{\boldsymbol{Q}}\left(\vartheta(k-1)\right)\boldsymbol{\Omega}\left(\vartheta(k-1)\right)^{\mathrm{T}}\bar{\boldsymbol{\Theta}}\left(\vartheta(k-1)\right)\\
&\quad-\boldsymbol{Q}\left(\vartheta(k-2),\vartheta(k-1)\right)<0
\end{aligned}
\tag{6.32}
$$

则 $\boldsymbol{L}<0$ 等价于式(6.17)。

证毕。

6.3.2　带固定间隔测量时延制程的批间控制器稳定性分析

在半导体晶圆制程中，有一种采样方式是以特定的采样间隔进行采样，即，每隔固定批次进行一次采样。此类测量时延间隔也是时变的。

1. 转移概率矩阵计算

举例说明固定间隔采样时的测量时延概率转移矩阵的计算。

当固定间隔为 1 个批次时，若第 k 批次的输出被反馈，则第 $k+1$ 批次的输出不被测量，采用第 k 批次的输出值，即 $p_{01}=1$；若第 k 批次的输出未测量，采用第 $k-1$ 批次的输出值，则第 $k+1$ 的输出会被测量反馈，即 $p_{10}=1$，所以 $\boldsymbol{P}=\begin{bmatrix}0&1\\1&0\end{bmatrix}$。

当固定间隔为 2 个批次时，若第 k 批次的输出被反馈，则 $\vartheta(k)=0$ 且 $\vartheta(k+1)=1$，即 $p_{01}=1$；若第 $k+1$ 批次的输出被反馈，则 $\vartheta(k)=2$ 且 $\vartheta(k+1)=0$，即 $p_{20}=1$；若第 $k+2$ 批次的输出被测量反馈，则 $\vartheta(k)=1$ 且 $\vartheta(k+1)=2$，即 $p_{12}=1$，所以 $\boldsymbol{P}=\begin{bmatrix}0&1&0\\0&0&1\\1&0&0\end{bmatrix}$。

同理，当固定间隔为 3 个批次时，$\boldsymbol{P}=\begin{bmatrix}0&1&0&0\\0&0&1&0\\0&0&0&1\\1&0&0&0\end{bmatrix}$。

2. 系统稳定域

根据定理 6.1，结合上述测量时延概率转移矩阵，可得在固定间隔测量时延下，EWMA 滤波器的折扣因子 λ 的可调范围如图 6.2 所示。

由图 6.2 可知，在固定间隔测量时延下，EWMA 滤波器的折扣因子可调范围与无测量时延时接近，在 $\xi<2$ 时，λ 不受 ξ 变化的影响；而当 $\xi\geqslant 2$ 时，λ 的可

调范围随 ξ 的增加而减小。

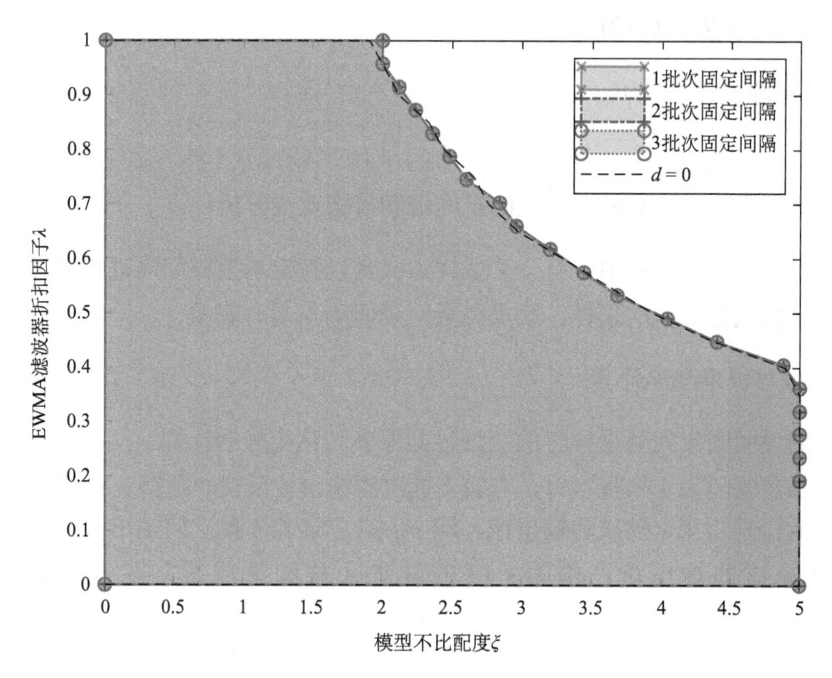

图 6.2　不同固定间隔时延下 EWMA 滤波器的调参范围

6.3.3　带随机时变测量时延制程的批间控制器稳定性分析

1. 转移概率矩阵计算

在半导体晶圆制程中，最为常见的测量时延情况是随机且时变的。设第 k 批次的输出会延迟 $\Upsilon(k)$ 批次，即第 k 批次的晶圆品质会在第 $k+\Upsilon(k)$ 批次测量得到。进一步设 $\Upsilon(k)=j$ 的概率为 $p_j=\text{Prob}\left(\Upsilon(k)=j\right)$，且一个批次的输出从未被测量的概率为 p_{NM}。在给定 p_j 和 p_{NM} 的条件下，$\vartheta(k)=i$ 且 $\vartheta(k+1)=j$ 的概率由如下定理 6.2 给出。

定理 6.2：从测量时延的概率分布 p_j 和 p_{NM} 得，测量时延的转移概率矩阵 $\boldsymbol{p}_{ij}$ 为

$$\boldsymbol{p}_{ij}=\text{Prob}\left(\vartheta(k+1)=j\mid\vartheta(k)=i\right)=\begin{cases}0, & i+1<j\\ p_{NM}+(1-p_{NM})\cdot\sum\limits_{n=i+1}^{\infty}p_n, & j=i+1\\ (1-p_{NM})\cdot p_j, & 0\leqslant j\leqslant i\end{cases}\tag{6.33}$$

证明：设 $\vartheta(k)=i$，即第 k 批次获得的最新输出数据是第 $k-i$ 批次的，也就是说

第 $k-i$ 批次 $\Upsilon(k-i)=i$，且第 $k-i+1,\cdots,k$ 批次的输出数据要么未被测量，要么这些批次的延迟 $\Upsilon(k-i+1),\cdots,\Upsilon(k)$ 分别比 $i,\cdots,1$ 更大，因此

$$\begin{aligned}\operatorname{Prob}\left(\vartheta(k)=i\right)=&\left(1-p_{NM}\right)p_i\cdot\left(p_{NM}+\left(1-p_{NM}\right)\sum_{n=i}^{\infty}p_n\right)\cdot\left(p_{NM}+\left(1-p_{NM}\right)\sum_{n=i-1}^{\infty}p_n\right)\cdots\\&\cdot\left(p_{NM}+\left(1-p_{NM}\right)\sum_{n=2}^{\infty}p_n\right)\cdot\left(p_{NM}+\left(1-p_{NM}\right)\sum_{n=1}^{\infty}p_n\right)\end{aligned}\tag{6.34}$$

(1) 当 $\vartheta(k)=i,\vartheta(k+1)=j\leqslant i$ 时，在 $k-i+1$ 和 $k-j$ 之间批次的延迟必须大于或等于 $i,\cdots,j+1$。所以：

$$\begin{aligned}&\operatorname{Prob}\left(\vartheta(k+1)=i\cap\vartheta(k)=i\right)\\&=\left(1-p_{NM}\right)p_i\cdot\left(p_{NM}+\left(1-p_{NM}\right)\sum_{n=i}^{\infty}p_n\right)\cdot\left(p_{NM}+\left(1-p_{NM}\right)\sum_{n=i-1}^{\infty}p_n\right)\cdots\\&\cdot\left(p_{NM}+\left(1-p_{NM}\right)\sum_{n=j+1}^{\infty}p_n\right)\cdot\left(1-p_{NM}\right)p_j\cdot\left(p_{NM}+\left(1-p_{NM}\right)\sum_{n=j}^{\infty}p_n\right)\\&\cdot\left(p_{NM}+\left(1-p_{NM}\right)\sum_{n=j-1}^{\infty}p_n\right)\cdots\left(p_{NM}+\left(1-p_{NM}\right)\sum_{n=1}^{\infty}p_n\right)\end{aligned}\tag{6.35}$$

$$\begin{aligned}\boldsymbol{p}_{ij}&=\operatorname{Prob}\left(\vartheta(k+1)=j\middle|\vartheta(k)=i\right)\\&=\frac{\operatorname{Prob}\left(\vartheta(k+1)=j\cap\vartheta(k)=i\right)}{\operatorname{Prob}\left(\vartheta(k)=i\right)}\\&=\left(1-p_{NM}\right)\cdot p_j\end{aligned}\tag{6.36}$$

(2) 当 $\vartheta(k)=i,\vartheta(k+1)=j=i+1$ 时，在 $k-i+1$ 和 k 之间延迟必须大于或等于 $i,\cdots,1$。所以：

$$\begin{aligned}&\operatorname{Prob}\left(\vartheta(k+1)=i+1\cap\vartheta(k)=i\right)\\&=\left(1-p_{NM}\right)p_i\cdot\left(p_{NM}+\left(1-p_{NM}\right)\sum_{n=i+1}^{\infty}p_n\right)\cdot\left(p_{NM}+\left(1-p_{NM}\right)\sum_{n=i}^{\infty}p_n\right)\cdots\\&\cdot\left(p_{NM}+\left(1-p_{NM}\right)\sum_{n=1}^{\infty}p_n\right)\end{aligned}\tag{6.37}$$

$$\begin{aligned}\boldsymbol{p}_{ij} &= \operatorname{Prob}\left(\vartheta(k+1)=i+1 \middle| \vartheta(k)=i\right)\\ &= \frac{\operatorname{Prob}\left(\vartheta(k+1)=i+1 \cap \vartheta(k)=i\right)}{\operatorname{Prob}\left(\vartheta(k)=i\right)}\\ &= p_{NM}+(1-p_{NM})\cdot\sum_{n=i+1}^{\infty}p_n\end{aligned} \tag{6.38}$$

(3) 当 $j>i+1$ 时，根据对采用最新测量输出的设定分析，测量时延每次最多增加 1 个批次，所以：

$$\boldsymbol{p}_{ij}=0 \tag{6.39}$$

综合(1)、(2)、(3)这三种情况，可得式(6.33)。

证毕。

令 $\bar{P}_j$ 为状态 j 的平均概率，在 $\sum_{j=0}^{\infty}\bar{P}_j=1$ 的条件下，对于任意齐次的马尔可夫链，从初始概率分布和绝对概率分布的关系可得

$$\bar{P}_j=\sum_{i=0}^{\infty}\bar{P}_i\cdot\boldsymbol{p}_{ij} \tag{6.40}$$

则通过对状态集里的状态求期望，可得平均测量时延为

$$E(\vartheta)=\sum_{j=0}^{\infty}j\cdot\bar{P}_j \tag{6.41}$$

设 $i>\vartheta_m$， $p_i=0$，则式(6.40)可以在有限状态集上 $\{0,1,\cdots,\vartheta_m\}$ 被截断为

$$\tilde{P}_j=\sum_{i=0}^{\vartheta_m}\tilde{P}_i\cdot\tilde{\boldsymbol{p}}_{ij} \tag{6.42}$$

式中，$\tilde{\boldsymbol{p}}_{ij}=\begin{cases}\boldsymbol{p}_{ij}, & 0\leqslant i<\vartheta_m, 0\leqslant j\leqslant\vartheta_m\\ \boldsymbol{p}_j, & i=\vartheta_m, 0\leqslant j\leqslant\vartheta_m\end{cases}$。

由此可得，渐近平均测量时延为

$$E(\tilde{\vartheta})=\sum_{j=0}^{\vartheta_m}j\cdot\tilde{P}_j \tag{6.43}$$

选择一个合适的 ϑ_m，使得 $E(\tilde{\vartheta})$ 不随着 ϑ_m 的增加而变化[11]。

2. 算例分析

设测量时延的概率为 $\{p_i\}_{i=0}^{8}=\{0.3679,0.3679,0.1809,0.0613,0.0153,0.006,0.0005,0.0001,0.0001\}$，且对 $i>8$，设 $p_i=0$。设 p_{NM} 从 0 变化至 0.4，相应

的 ϑ_m 依次设为 4、4、4、5、5，则对应的测量时延概率转移矩阵由式(6.33)获得。例如，当 $p_{NM}=0$，$\vartheta_m=4$ 时，通过式(6.33)可以算出，$\boldsymbol{P}=\begin{bmatrix} 0.3679 & 0.6321 & 0 & 0 & 0 \\ 0.3679 & 0.3679 & 0.2642 & 0 & 0 \\ 0.3679 & 0.3679 & 0.1839 & 0.0803 & 0 \\ 0.3679 & 0.3679 & 0.1839 & 0.0613 & 0.019 \\ 0.3679 & 0.3679 & 0.1839 & 0.0613 & 0.0153 \end{bmatrix}$。此外，通过式(6.43)可以算出，$E(\vartheta)=0.8128$。根据定理 6.1，绘制出相应的系统稳定域，如图 6.3 所示。

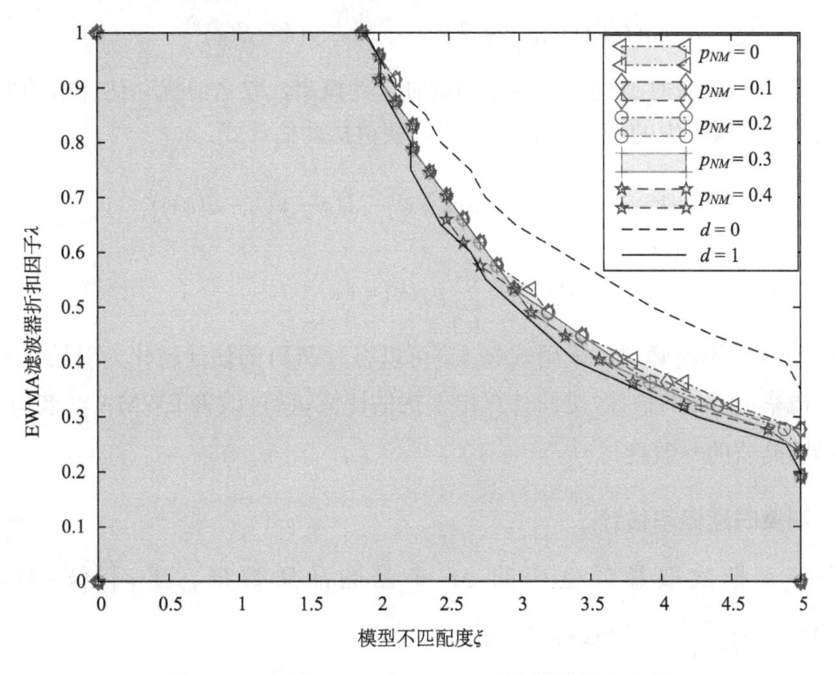

图 6.3　不同的 p_{NM} 时 EWMA 滤波器的调参范围

由图 6.3 可知，对于不同的 p_{NM}，EWMA 滤波器折扣因子的可调范围比较接近；与固定测量时延稳定域比较可得，满足该随机时变测量时延概率设定的批间控制器稳定域基本介于无测量时延和 1 批次固定测量时延之间。也就是说，采用最近的测量输出的 EWMA 批间控制器能够有效克服测量时延对系统的影响。

6.4　带时变随机测量时延制程的批间控制器设计

若当前批次的晶圆品质信息不能及时用于下一批次的扰动估计，不仅会影响产品良率，更有可能影响批间控制器的稳定性。为此，本章在分析测量时延估计对系统性能影响的基础上，结合系统的实际输出，利用期望最大化(EM)算法[12]估计系统的随机时延概率。在此基础上，提出新的扰动估计方法，提升 EWMA 滤波算法的性能。

设系统的测量时延满足如下假设：

假设 6.1： $\exists D \in \mathbf{N}$，使得 $\forall k \in \mathbf{N}^*$ 都有 $0 \leqslant \vartheta(k) \leqslant D$ 成立，则称 D 为系统最大测量时延。其中，$\mathbf{N}$ 为整数集合，$\mathbf{N}^*$ 为正整数集合。

结合 EWMA 批间控制器式(6.3)和式(6.4)，设系统含测量时延的扰动估计式为

$$a(k+1) = a\big(k-\vartheta(k)\big) - \lambda\Big(\tau - y\big(k-\vartheta(k)\big)\Big) \tag{6.44}$$

由于 $\vartheta(k)$ 具有时变性，故根据测量时延的概率，取之前扰动估计值的加权平均值代替式(6.44)中的 $a\big(k-\vartheta(k)\big)$，即可获得扰动估计式：

$$a(k+1) = \sum_{d=0}^{D} p_d(k) a\big(k-d\big) - \lambda\Big(\tau - y\big(k-\vartheta(k)\big)\Big) \tag{6.45}$$

式中，$p_d(k) = \text{Prob}\big(\vartheta(k) = d\big)$，且 $\sum_{d=0}^{D} p_d(k) = 1$。

由于 $\vartheta(k)$ 不能确定，采用式(6.45)可以将对 $\vartheta(k)$ 的估计转化为对第 k 批次测量时延概率 $p_d(k)$ 的估计，进而计算出干扰估计值 $a(k)$，改善 EWMA 滤波器性能，提高晶圆品质的一致性。

6.4.1 测量时延概率估计

在第 k 批次取最近生产的 M 个晶圆品质数据，$\tilde{Y} = \big\{y\big(k-M+m-\vartheta(k-M+m)\big)\big\}_{m=1}^{m=M}$，其概率密度为

$$P\Big(\tilde{Y}(m); \boldsymbol{f}(k)\Big) = \sum_{d=0}^{D} P\Big(\tilde{Y}(m) \mid \vartheta(k) = d\Big) \cdot p_d \tag{6.46}$$

式中，$\boldsymbol{f}(k) = \Big[\tilde{p}, \tilde{\mu}, \tilde{\Sigma}\Big]$ 为第 k 批次的参数矩阵；$\tilde{p} = \{p_d\}_{d=0}^{d=D}$ (这里仅阐述第 k 批次的测量概率估计，故 $p_d(k)$ 的批次标号省去)；$\tilde{\mu} = \{\mu_d\}_{d=0}^{d=D}$，$\tilde{\Sigma} = \{\Sigma_d\}_{d=0}^{d=D}$，且 μ_d, Σ_d 分别为第 k 批次、测量延时为 d 的晶圆品质数据的均值和方差，即

$$\begin{cases} \mu_d = \dfrac{\sum\limits_{i=1}^{k} y_{\hat{d}}(i)}{N_{\hat{d}}(i)} \\ \sum_d = \dfrac{\sum\limits_{i=1}^{k}\left(\tau - y_{\hat{d}}(i)\right)^2}{N_{\hat{d}}(i)} \end{cases} \tag{6.47}$$

式中，$\hat{d} \in \{0,\cdots,D\}$ 表示第 k 批次对测量时延 d 的估计，则 $\left\{y_{\hat{d}}(k)\right\}_{\hat{d}=0}^{\hat{d}=D}$ 表示根据时延估计 $\hat{d}$ 得到的测量时延为 d 的系统输出集合，将系统输出 $y(k)$ 分配到该集合中；$N_{\hat{d}}(k)$ 表示第 k 批次 $\left\{y_{\hat{d}}(k)\right\}_{\hat{d}=0}^{\hat{d}=D}$ 集合中测量时延为 d 时品质数据的数量。$\tilde{Y}(m)$ 满足正态分布，有

$$P\left(\tilde{Y}(m) \mid \vartheta(k)=d\right) = P\left(\tilde{Y}(m);\mu_d,\textstyle\sum_d\right) = \frac{1}{\sqrt{2\pi\sum_d}}\exp\left[-\frac{\left(\tilde{Y}(m)-\mu_d\right)^2}{2\sum_d}\right] \tag{6.48}$$

构造似然函数：

$$L(p) = \sum_{m=1}^{M}\ln\sum_{d=0}^{D} p_d \cdot P\left(\tilde{Y}(m) \mid \vartheta(k)=d\right) \tag{6.49}$$

根据 Jensen 不等式[9]可得

$$p_d := \arg\max_{p_d}\left\{\sum_{m=1}^{M}\sum_{d=0}^{D}\varphi_{d,m}\cdot\ln\frac{P\left(\tilde{Y}(m) \mid \vartheta(k)=d\right)\cdot p_d}{\varphi_{d,m}}\right\} \tag{6.50}$$

式中，$\varphi_{d,m} = P\left(\vartheta(k)=d \mid \tilde{Y}(m)\right) = \dfrac{p_d \cdot P\left(\tilde{Y}(m) \mid \vartheta(k)=d\right)}{P\left(\tilde{Y}(m);\boldsymbol{f}(k)\right)}$。

EM 算法有两个步骤：求期望(E-step)和最大化(M-step)。通过这两个步骤的交替迭代，求解目标函数(6.50)的最优解。在第 k 批次定义参数初值 $\boldsymbol{f}^{(0)}(k)=\left[\tilde{p}^{(0)},\tilde{\mu}^{(0)},\tilde{\Sigma}^{(0)}\right]$ 及迭代次数初值 $l=0$，进行逐次迭代。记第 l 次迭代计算中的参数为：$\boldsymbol{f}^{(l)}(k)=\left[\tilde{p}^{(l)},\tilde{\mu}^{(l)},\tilde{\Sigma}^{(l)}\right]$，迭代计算包括：

(E-step)：计算

$$\varphi_{d,m}^{(l)} = \frac{p_d^{(l)}\cdot P\left(\tilde{Y}(m);\mu_d^{(l)},\textstyle\sum_d^{(l)}\right)}{P\left(\tilde{Y}(m);\boldsymbol{f}^{(l)}(k)\right)} \tag{6.51}$$

(M-step)：更新

概率的估计值，

$$p_d^{(l+1)} := \frac{1}{M} \cdot \sum_{m=1}^{M} \varphi_{d,m}^{(l)} \tag{6.52}$$

均值的估计值，

$$\mu_d^{(l+1)} := \frac{1}{\sum_{m=1}^{M} \varphi_{d,m}^{(l)}} \cdot \sum_{m=1}^{M} \varphi_{d,m}^{(l)} \tilde{Y}(m) \tag{6.53}$$

方差的估计值，

$$\Sigma_d^{(l+1)} := \frac{1}{\sum_{m=1}^{M} \varphi_{d,m}^{(l)}} \cdot \sum_{m=1}^{M} \varphi_{d,m}^{(l)} \left(\tilde{Y}(m) - \mu_d^{(l)} \right)^2 \tag{6.54}$$

从而有，$\tilde{p}^{(l+1)} = \left\{ p_d^{(l+1)} \right\}_{d=0}^{d=D}$，$\tilde{\mu}^{(l+1)} = \left\{ \mu_d^{(l+1)} \right\}_{d=0}^{d=D}$，$\tilde{\Sigma}^{(l+1)} = \left\{ \Sigma_d^{(l+1)} \right\}_{d=0}^{d=D}$。直至满足收敛条件：

$$\max \left\{ \left\| \tilde{p}^{(l+1)} - \tilde{p}^{(l)} \right\|, \left\| \tilde{\mu}^{(l+1)} - \tilde{\mu}^{(l)} \right\|, \left\| \tilde{\Sigma}^{(l+1)} - \tilde{\Sigma}^{(l)} \right\| \right\} \leqslant e, \quad 0 < e \ll 1 \tag{6.55}$$

迭代终止时，迭代次数为 $l^* = l + 1$，参数估计值为 $f^*(k) = f^{(l^*)}(k)$，其中第 k 批次系统测量时延概率估计向量为 $\tilde{\boldsymbol{p}}^{(l^*)} = \left\{ p_d^{(l^*)} \right\}_{d=0}^{d=D}$，即第 k 批次测量时延 $\vartheta(k) = d$ 的概率估计 $p_d(k) = p_d^{(l^*)}$，代入式(6.45)估计系统扰动。且 $\hat{d}$ 取 $\tilde{\boldsymbol{p}}^{(l^*)}$ 最大元素对应的测量时延，用于式(6.47)的分类及计算。此外，设系统总共生产 K 批次，定义 $\left\{ y_{\hat{d}}(K) \right\}_{\hat{d}=0}^{\hat{d}=D}$ 中品质数据的数量 $N_{\hat{d}}(K)$ 占生产批次总数的比例 $\overline{p}_d^{EM} = \dfrac{N_{\hat{d}}(K)}{K}$，$d \in \{0, \cdots, D\}$ 为对最终测量时延概率 $\overline{p}_d$ 估计。

6.4.2 系统输出静差调整

在半导体晶圆生产过程中，IMA(1,1)加漂移是典型的扰动，用于模拟环境噪声及设备的缓慢老化过程，即

$$\eta(k) - \eta(k-1) = \varepsilon(k) - \theta \varepsilon(k-1) + \delta \tag{6.56}$$

式中，δ 为漂移扰动的斜率，$\varepsilon(k) \sim N(0, \sigma_\varepsilon^2)$ 为 IMA(1,1) 中的白噪声，θ 为 IMA(1,1) 的参数。

定理 6.3： 在干扰(6.56)下，保证含满足假设 6.1 时变随机测量时延的系统(6.1)的输出渐近收敛于目标值的扰动估计式为

$$a(k+1)=\sum_{d=0}^{D}p_d(k)a(k-d)-\lambda\left(\tau-y_c(k)-\frac{\delta}{\lambda\xi}\sum_{j=0}^{D}\sum_{d=j}^{D}p_d(k)\right) \tag{6.57}$$

式中，$y_c(k)$ 为第 k 批次获得的最近的测量值。

证明：

充分性：

令式(6.57)中 $y_c(k)\approx\sum_{d=0}^{D}p_d(k)\cdot y(k-d)$，由式(6.57)和式(6.4)控制的系统(6.1)的输出为

$$y(k)\approx\frac{1}{1-(1-\xi\lambda)\sum_{d=0}^{D}p_d(k-1)z^{-1-d}}\left(\xi\lambda\tau+\eta(k)\left(1-\sum_{d=0}^{D}p_d(k-1)z^{-1-d}\right)-\delta\sum_{j=0}^{D}\sum_{d=j}^{D}p_d(k-1)\right) \tag{6.58}$$

由终值定理得系统的最终输出为

$$\begin{aligned}\lim_{k\to\infty}y(k)&\approx\lim_{k\to\infty}\left(\tau+\frac{1}{\xi\lambda}\left(\sum_{j=0}^{D}\sum_{d=j}^{D}p_d(k-1)z^{-1-d}\left((1-\theta z^{-1})\varepsilon(k)+\delta\right)\right)\right)\\&\quad-\lim_{k\to\infty}\left(\frac{1}{\xi\lambda}\left(\delta\cdot\sum_{j=0}^{D}\sum_{d=j}^{D}p_d(k-1)\right)\right)\approx\tau\end{aligned} \tag{6.59}$$

即系统输出收敛于目标值。

必要性：

由式(6.45)和式(6.1)可得，在干扰(6.56)下系统输出为

$$y(k)=\xi\left(1+\lambda-\xi\lambda\right)\tau-\xi\left(1-\lambda\xi\right)a\left(k-\vartheta(k)\right)+\left(1-\lambda\xi\right)\alpha+\eta(k)-\lambda\xi\eta\left(k-\vartheta(k)\right) \tag{6.60}$$

进一步计算可知，系统平稳时的输出为

$$\lim_{k\to\infty}y(k)=\tau+\frac{\delta}{\xi\lambda}\sum_{j=0}^{D}\sum_{d=j}^{D}p_d(k-1) \tag{6.61}$$

由此可知，系统输出存在静态误差项 $\frac{\delta}{\xi\lambda}\sum_{j=0}^{D}\sum_{d=j}^{D}p_d(k-1)$。为消除该项，需将扰动估计式(6.45)修改为

$$a(k+1)=\sum_{d=0}^{D}p_d(k)a(k-d)-\lambda\left(\tau-y_c(k)-\frac{\delta}{\xi\lambda}\sum_{j=0}^{D}\sum_{d=j}^{D}p_d(k)\right)$$

即式(6.57)。

证毕。

6.4.3 系统稳定性分析

在满足假设 6.1 的时变随机测量时延和干扰(6.56)的影响下，保证由式(6.57)和式(6.4)控制的系统(6.1)稳定的充分性条件由如下定理给出。

定理 6.4： 在满足假设 6.1 条件下，如果系统的模型不匹配系数ξ及 EWMA 批间控制器(6.57)的折扣因子λ满足$0.5 \leqslant \xi\lambda \leqslant 1$，则由扰动估计式(6.57)和式(6.4)控制的系统(6.1)是稳定的。

证明： 由过程模型(6.1)得，在扰动不计情况下满足$\lim\limits_{k\to\infty} a(k)=0$，即可保证系统$\lim\limits_{k\to\infty} y(k)\approx\tau$的要求。

首先构建系统状态空间方程，设系统的目标值$\tau=0$，综合式(6.1)、式(6.4)和式(6.57)得

$$a(k+1)=\sum_{d=0}^{D} p_d(k)a(k-d)-\lambda\xi a\big(k-\vartheta(k)\big) \tag{6.62}$$

进一步描述成状态空间的形式

$$\boldsymbol{X}(k+1)=\boldsymbol{A}(k)\boldsymbol{X}(k) \tag{6.63}$$

式中，$\boldsymbol{A}(k)=\begin{bmatrix} 0 & 1 & \cdots & 0 & 0 \\ 0 & 0 & \cdots & 0 & 0 \\ \vdots & \vdots & & \vdots & \vdots \\ 0 & 0 & \cdots & 0 & 1 \\ p_D(k) & p_{D-1}(k) & \cdots & p_1(k) & p_0(k) \end{bmatrix}$，$\boldsymbol{X}(k)=[a(k-D),a(k-D+1),\cdots,a(k)]^{\mathrm{T}}$。若$\lim\limits_{k\to\infty}\|\boldsymbol{X}(k)\|_\infty=0$，则该状态空间方程渐近稳定。

定义$\boldsymbol{X}(0)$为系统非零初始状态，从而可以得到$\boldsymbol{X}(k)=\prod_{i=0}^{k}\boldsymbol{A}(k-i)\boldsymbol{X}(0)$，另外定义对于$\forall n\in[1,k]$，$\prod^n=\prod_{i=1}^{n}\boldsymbol{A}(n-i)=\left(L_1^n,\cdots,L_{D+1}^n\right)^{\mathrm{T}}$，这里$L_i^n$表示$\prod^n$中第$i$行，矩阵的维数为$D+1$。所以$\left\|\prod^n\right\|_\infty=\max\limits_{i\in[1,D+1]}\left\|L_i^n\right\|_1$。当$0.5\leqslant\xi\lambda\leqslant 1$时，满足如下式子：

$$\forall i\in[1,D+1],\left\|L_i^n\right\|_1\leqslant(1+p_{\max})(\xi\lambda)^{\left\lfloor\frac{n+i-2}{D+1}\right\rfloor} \tag{6.64}$$

$$\forall i\in[1,D],\ L_i^n=L_{i+1}^{n-1} \tag{6.65}$$

$$\forall l \in [1,D], L_{D+1}^{n} = \sum_{i=1}^{D+1} p_{D+1-i}(k) L_i^{n-1} - \xi\lambda L_l^{n-1} \tag{6.66}$$

式中，$p_{\max} = \max\{p_0(k), p_2(k), \cdots, p_D(k)\}$，$\lfloor \cdot \rfloor$为取整符号，$l = D+1-\vartheta(k)$。

当$k=2$时，若$0.5 \leqslant \xi\lambda \leqslant 1$，以上 3 式显然成立。

当$k>2$时，假设上式仍然都成立，则

$$\prod^{k+1} = \prod_{i=1}^{k+1} \boldsymbol{A}(k+1-i) = \left(L_1^{k+1}, \cdots, L_{D+1}^{k+1}\right)^{\mathrm{T}} \tag{6.67}$$

其中 $L_{D+1}^{k+1} = \sum_{i=1}^{D+1} p_{i-1}(k) L_i^k - \xi\lambda L_l^k$。所以

$$\left\| L_{D+1}^{k+1} \right\|_1 \leqslant \left(\sum_{i=0}^{D} p_i(k) - \xi\lambda \right) \max_{i\in[1,D+1]} \left\| L_i^k \right\|_1 \leqslant (1-\xi\lambda)(1+p_{\max})(\xi\lambda)^{\left\lfloor \frac{k-1}{D+1} \right\rfloor} \tag{6.68}$$

当$0.5 \leqslant \xi\lambda \leqslant 1$时，$\left\| L_{D+1}^{k+1} \right\|_1 \leqslant (1+p_{\max})(\xi\lambda)^{\left\lfloor \frac{k}{D+1} \right\rfloor}$。故对于任意$k$均有式(6.64)、式(6.65)和式(6.66)成立。所以有$\left\| \prod^n \right\|_\infty \leqslant (1+p_{\max})(\xi\lambda)^{\left\lfloor \frac{n-1}{D+1} \right\rfloor}$。

令$M_{n,\infty} \triangleq \sup \left\| \prod^n \right\|_\infty = (1+p_{\max})(\xi\lambda)^{\left\lfloor \frac{n-1}{D+1} \right\rfloor}$，且存在$N_0$，使得$M_{N_0,\infty} < 1$，从而可得

$$\begin{aligned}
\| \boldsymbol{X}(k) \|_\infty &= \| \prod_{i=0}^{k} \boldsymbol{A}(k-i) \boldsymbol{X}(0) \|_\infty \\
&\leqslant \| \boldsymbol{X}(0) \|_\infty \cdot \left\| \prod_{i=0}^{k-\left\lfloor \frac{k}{N_0} \right\rfloor} \boldsymbol{A}(k-i) \right\|_\infty \cdot \prod_{i=0}^{\left\lfloor \frac{k}{N_0} \right\rfloor} \left\| \prod_{j=0}^{N_0} \boldsymbol{A}\left(\left\lfloor \frac{k}{N_0} \right\rfloor N_0 - (i-1)N_0 - j \right) \right\|_\infty \\
&\leqslant M_{k-\left\lfloor \frac{k}{N_0} \right\rfloor, \infty} M_{N_0,\infty}^{\left\lfloor \frac{k}{N_0} \right\rfloor} \| \boldsymbol{X}(0) \|_\infty
\end{aligned} \tag{6.69}$$

式中，有$0 < k - \left\lfloor \frac{k}{N_0} \right\rfloor < N_0$，令$\kappa \triangleq \max_{n\in[1,N_0-1]} M_{n,\infty}$，有$\| X(k) \|_\infty \leqslant \kappa \cdot M_{N_0,\infty}^{\left\lfloor \frac{k}{N_0} \right\rfloor} \| \boldsymbol{X}(0) \|_\infty$，则$\lim_{k\to\infty} \| \boldsymbol{X}(k) \|_\infty = 0$，即系统是稳定的[13]。

证毕。

6.4.4 算例分析

1. 概率估计与扰动跟踪效果

不失一般性，设系统目标值为$\tau=0$，增益为$\beta=5$，模型匹配$\xi=1$。噪声如式(6.56)所示，噪声$\eta(k)$的IMA(1,1)的参数为$\sigma_{\varepsilon}^{2}=0.05, \theta=0.7$，漂移扰动的前100个批次斜率是$\delta=0.1$，后100个批次斜率为$\delta=0$。设系统最大测量时延$D=7$，测量时延概率$P=[p_0,\cdots,p_7]=[0.1, 0.4, 0.1, 0.1, 0.1, 0.1, 0.05, 0.05]$，共计仿真$k=200$批次。

仿真中取均方误差(MSE)为系统性能的评价指标，该值越小，表示控制效果越好：

$$\mathrm{MSE}=\frac{1}{K}\sum_{k=1}^{K}\left(\tau-y(k)\right)^{2} \tag{6.70}$$

设定本书算法(EM-EWMA)的各个参数，其中折扣因子$\lambda=0.7$。测量时延概率估计中取$M=7$个品质数据，收敛条件$e=0.01$，则算法对各测量时延概率的实时估计情况如图6.4所示。

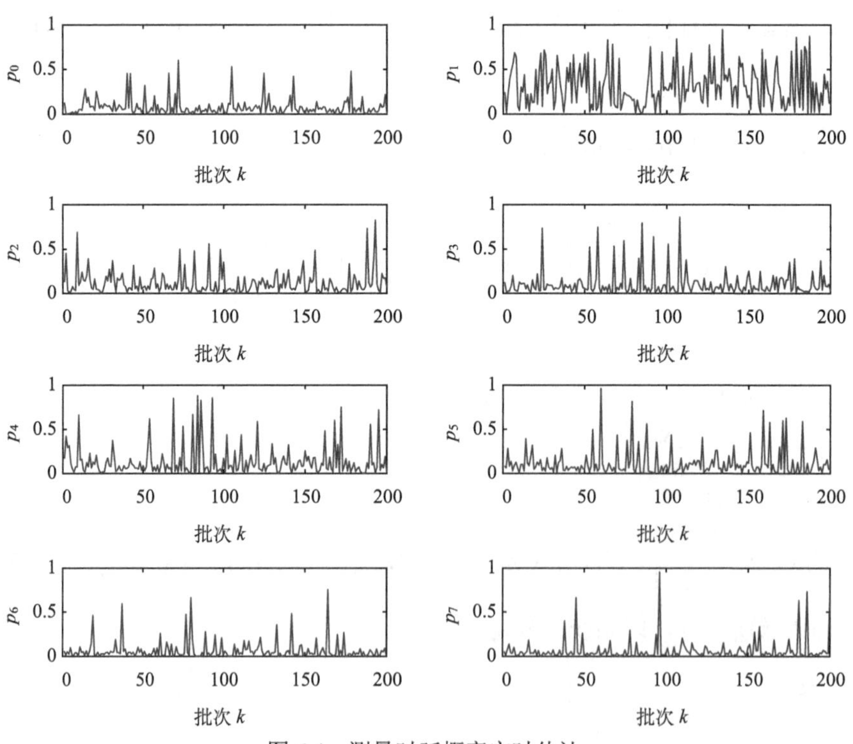

图 6.4　测量时延概率实时估计

最终测量时延的概率估计情况如图 6.5 所示，具体数值见表 6.2。因为仿真过程中采用当前批次可以获得的最新测量输出，因此测量时延概率与设定值之间存在差异，如表 6.2 中第 2 行所示。从图 6.5 中可以看出：所提出的测量时延概率估计算法能够大致估计出测量时延的实际概率。

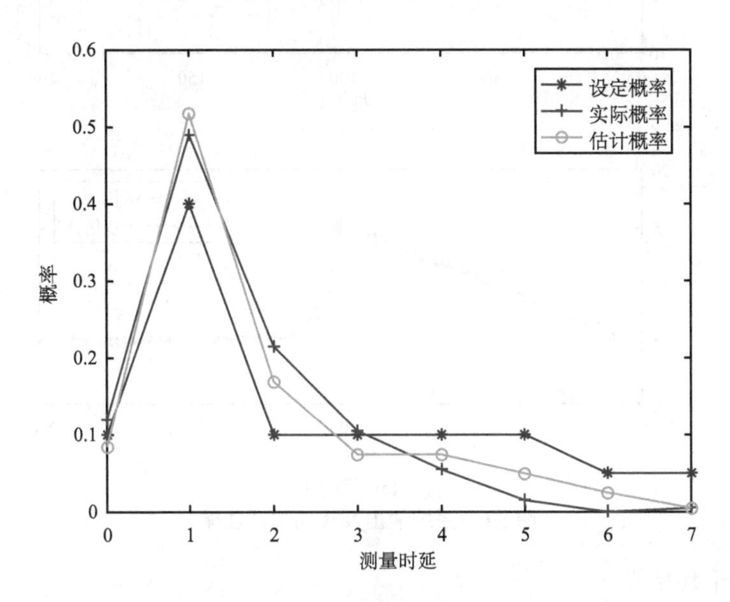

图 6.5　测量时延概率最终估计

表 6.2　测量时延概率的估计值

	p_0	p_1	p_2	p_3	p_4	p_5	p_6	p_7
设定	0.1	0.4	0.1	0.1	0.1	0.1	0.05	0.05
实际	0.12	0.49	0.215	0.105	0.055	0.015	0	0.005
估计	0.0846	0.5174	0.1692	0.0746	0.0746	0.0498	0.0249	0.005

将概率估计结果代入式(6.57)，得到扰动估计及系统输出如图 6.6 所示。图 6.6(a)为系统输出；图 6.6(b)为系统干扰跟踪估计，其中实线为噪声，带叉实线是由式(6.57)得到的噪声跟踪。本章算法能及时跟踪扰动，从而 MSE 较小。

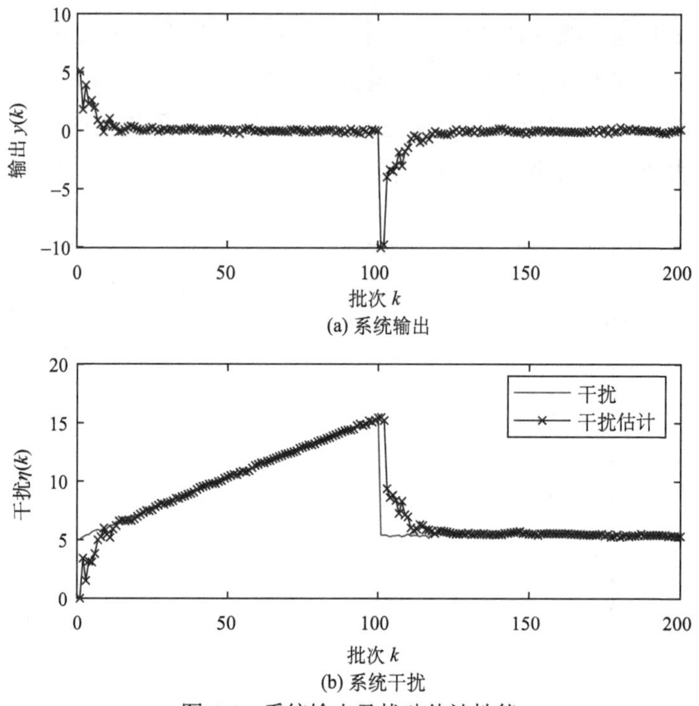

图 6.6　系统输出及扰动估计性能

2. 抗干扰性能

不同漂移扰动及模型不匹配系数下，本章算法的控制效果见表 6.3。为保证准确性，每组数据仿真 10 次取 MSE 的均值。从表 6.3 中可以看出，所提算法的 MSE 均小于 EWMA 批间控制器的 MSE。由此可见，所提算法能够有效抑制一定程度的模型不确定性干扰，保持输出平稳收敛于目标值。

表 6.3　不同条件下的控制效果

No.	δ	ξ	ω	MSE（EM-EWMA）	MSE（EWMA）
1	1.5	0.3	0.4	0.5362	206.5702
2	1.5	0.8	0.5	0.4737	32.2885
3	1	1	0.6	0.4360	9.6148
4	0.5	1.1	0.7	0.3130	1.8627
5	0.5	1.3	0.8	0.3770	1.8627

6.5　本 章 小 结

本章考虑半导体晶圆加工过程中普遍存在的测量时延问题，采用 Jury 判据和

LMI 工具展示了固定测量时延和时变测量时延情况下 EWMA 批间控制器参数与系统模型不确定度之间的关系。在此基础上，提出一种含时变随机测量时延的批间控制器设计方法。采用 EM 算法估计测量时延的概率，构建包含测量时延概率的 EWMA 扰动估计表达式，再分析系统补偿静差。数值仿真证明了该算法可以捕捉测量时延概率，并抑制制程的干扰，保证了产品品质的一致性。

参 考 文 献

[1] Box G E P, Jenkins G M. Further contributions to adaptive quality control: simultaneous estimation of dynamics[J]. Bulletin of the International Statistical Institute, 1963, 40(2): 943-947.

[2] Wu M F, Lin C H, Wong D S H, et al. Performance analysis of EWMA controllers subject to metrology delay[J]. IEEE Transactions on Semiconductor Manufacturing, 2008, 21(3): 413-425.

[3] Good R P, Qin S J. On the stability of MIMO EWMA Run-to-run controllers with metrology delay[J]. IEEE Transactions on Semiconductor Manufacturing, 2006, 19(1): 78-86.

[4] Gong Q,Yang G, Pan C, et al. Performance analysis of double EWMA controller under dynamic models with drift[J]. IEEE Transactions on Components, Packaging and Manufacturing Technology, 2017, 7(5): 806-814.

[5] Wang K, Lin J. A run-to-run control algorithm based on timely and delayed mixed- resolution information[J]. International Journal of Production Research, 2013, 51(15): 4704-4717.

[6] Lee A C, Pan Y R, Hsieh M T. Output disturbance observer structure applied to run-to-run control for semiconductor manufacturing[J]. IEEE Transactions on Semiconductor Manufacturing, 2011, 24(1): 27-43.

[7] Hirai T, Kano M. Adaptive virtual metrology design for semiconductor dry etching process through locally weighted partial least squares[J]. IEEE Transactions on Semiconductor Manufacturing, 2015, 28(2): 137-144.

[8] Ai B, Wong D S H, Jang S S, et al. Stability analysis of EWMA run-to-run controller subjects to stochastic metrology delay[C]. IFAC Proceedings Volumes, 2011, 44(1): 12354-12359 .

[9] Zheng Y, Wong D S H, Wang Y W, et al. Takagi-Sugeno model based analysis of EWMA RtR control of batch processes with stochastic metrology delay and mixed products[J]. IEEE Transactions on Cybernetics, 2014, 44(7): 1155-1168.

[10] Horn R A, Johnson C R. Matrix analysis[M]. New York: Cambridge University Press, 2006.

[11] Ai B. Stability analysis of semiconductor manufacturing process with EWMA run-to-run controllers[J]. Computer Science, 2015: 1-62.

[12] Hayato N, Takaba K, Katayama T. Identification of piecewise affine systems based on statistical clustering technique[J]. Automatica, 2005, 41(5): 905-913.

[13] Clerget C H, Grimaldi J P, Chèbre M, et al. Run-to-run control with nonlinearity and delay uncertainty[J]. IFAC PapersOnLine, 2016, 39(7): 145-152.

第 7 章　批间控制器性能评估方法

7.1　引　　言

在半导体晶圆生产过程中，设备磨损、预防性维护、控制器调节不当等都可能导致批间控制器性能下降。而控制系统性能的优劣直接关系到晶圆的质量。要保证生产过程安全、高效、低耗地运行，必须引入性能评估指标，及时监测系统运行状态。

控制器性能评估领域最早发展起来的评估基准是 Aström[1]和 DeVries 等[2]提出的最小方差基准。制程状态无显著变化时，反馈系统输出性能的变化主要由控制性能变化引起。因此，Harris 等[3]提出了基于最小方差控制的性能评估基准，该基准在控制器性能评估的研究中得到了最广泛的应用。由于最小方差基准鲁棒性较差，且对执行机构要求很高，因此在实际工程中应用较少。但是最小方差基准为我们提供一个非常有用的参考。如果控制器性能相对于最小方差基准是好的，那它一定是一个良好的控制器；否则，还需要采用其他性能基准进一步对控制器进行性能评估。Chen 等[4]根据最小方差原理，将批间控制器的性能指标分为两个部分，分别表示算法参数是否最优和制程是否存在较大变异。Prabhu 等[5]推导出了 EWMA 批间控制器的最佳可实现参数，并定义了标准化的最佳可实现性能指标。在混合制程模式下，Ma 等[6]推导出了基于线程的 EWMA（t-EWMA）批间控制器的性能评估指标，并指出当产品频率不同时，t-EWMA 批间控制器在不同干扰下的调参方式有所不同。Wang 等[7]评估了模型不匹配度和干扰对批间控制可实现性能的影响。Ko 等[8]将 EWMA 批间控制器等效为离散形式的 PI 控制器，并提出了控制器参数的迭代优化算法和性能监控指标。

在半导体晶圆生产过程中，模型不匹配、不协调因子、测量时延、高度混合制程生产方式等因素会导致控制器性能衰退，进而使制程性能与设计要求产生较大差距。针对存在 IMA（1,1）扰动及漂移的系统，Del Castillo 等[9]分析了 dEWMA 批间控制器对系统控制性能的影响。Good 等[10]分析了多输入输出系统闭环稳定问题，给出了批间控制器性能稳定性的充分条件，并讨论了 dEWMA 批间控制器折扣因子的优化选择方法。

本章在批间控制框架下，针对制程中扰动的多样性，分析批间控制器的最佳性能情况，并根据制程参数估计结果，结合贝叶斯理论，研究批间控制器性能评估方法，最后基于性能评估方法进行批间控制器的协同设计，提升批间控制效果。

7.2　典型干扰下的批间控制性能分析

生产过程中的机器工具老化、化学沉积物或者环境变化都会影响 EWMA 批间控制器的稳定性及其参数的选取。将系统输入输出近似为线性模型：

$$y(k) = \beta u(k-1) + \alpha + \eta(k) \tag{7.1}$$

式中，$u(k-1)$表示制程的输入；$y(k)$是制程的输出；$k=1,2,\cdots,K$，是制程的批次号，K表示总批次数；β是制程增益；α是制程截距项；$\eta(k)$是制程的动态干扰。EWMA 控制律为

$$\begin{cases} a(k) = \lambda\left(y(k) - bu(k-1)\right) + (1-\lambda)a(k-1) \\ u(k) = \dfrac{\tau - a(k)}{b} \end{cases} \tag{7.2}$$

式中，τ为目标值；b为增益β的估计值；$a(k)$为扰动估计值；λ为 EWMA 滤波器的折扣因子。

下面针对几种常见的干扰模型，对采用 EWMA 批间控制器的系统输出进行分析。

(1) IMA(1,1)干扰[11]为

$$\eta(k) = \eta(k-1) + \varepsilon(k) - \theta\varepsilon(k-1) \tag{7.3}$$

式中，$\varepsilon(k) \sim N(0,\sigma_\varepsilon^2)$是白噪声；$\theta \in (-1,1)$是 IMA 的滑动平均系数。

将式(7.2)、式(7.3)代入式(7.1)，系统输出为

$$y(k) = \alpha + \xi\left(\tau - a(k-1)\right) + \frac{\varepsilon(k) - \theta\varepsilon(k-1)}{1-z^{-1}} \tag{7.4}$$

式中，$\xi = \dfrac{\beta}{b}$为模型不匹配系数；z^{-1}为后移算子。

根据式(7.4)定义状态方程：

$$\begin{cases} \boldsymbol{J}(k+1) = \boldsymbol{G}\boldsymbol{J}(k) + \boldsymbol{H}(k) \\ y(k) = \boldsymbol{W}\boldsymbol{J}(k) + V(k) \end{cases} \tag{7.5}$$

式中，$\boldsymbol{J}(k) = \left[a(k), k\right]^{\mathrm{T}}$，$\boldsymbol{G} = \begin{bmatrix} 1-\xi\lambda & 0 \\ 0 & 1 \end{bmatrix}$，$\boldsymbol{W} = \left[-\lambda \quad 0\right]$，$V(k) = \alpha + \xi\tau +$

$\dfrac{\varepsilon(k)-\theta\varepsilon(k-1)}{1-z^{-1}}$，$\boldsymbol{H}(k)=\begin{bmatrix}\lambda\left(\alpha+(\xi-1)\tau+\dfrac{\varepsilon(k)-\theta\varepsilon(k-1)}{1-z^{-1}}\right)\\ 1\end{bmatrix}$。则

$$\begin{aligned}y(k)&=\boldsymbol{W}\boldsymbol{G}^k J(0)+\boldsymbol{W}\sum_{i=0}^{k-1}G^{k-i-1}\boldsymbol{H}(k)+V(k)\\&=(1-\xi\omega)^k\left(\xi a(1)+(\xi-1)\tau\right)+\tau-\xi\lambda\sum_{i=0}^{k-1}(1-\xi\lambda)^{k-i-1}+\varepsilon(k)\end{aligned}\tag{7.6}$$

由式(7.6)得，在该干扰下，系统输出的期望为

$$\lim_{k\to\infty}E\left(y(k)\right)=\tau\tag{7.7}$$

此外，均方差渐近值为

$$\begin{aligned}AMSD&=E\left[\left(y(k)-\tau\right)^2\right]=E\left[y(k)^2\right]-2\tau E\left[y(k)\right]+\tau^2\\&=\left(\frac{1-2\theta+2\xi\theta\lambda+\theta^2}{\xi\lambda(2-\xi\lambda)}\right)\sigma_\varepsilon^2=(1+\boldsymbol{\Phi})\sigma_\varepsilon^2\end{aligned}\tag{7.8}$$

式中，$\boldsymbol{\Phi}=\xi^2\lambda^2+2\xi\lambda(\theta-1)+(\theta-1)^2$。

当$\boldsymbol{\Phi}=0$时，控制器的性能最优。此时，$\lambda=\dfrac{1-\theta}{\xi}$。设$\hat{\theta}\approx\theta$是对系统干扰参数的估计，则控制器近似最优的控制器参数为

$$\lambda_{\text{opt}}=\frac{1-\hat{\theta}}{\xi}\tag{7.9}$$

(2) ARMA(1,1)干扰：

$$\eta(k)=\phi\eta(k-1)+\varepsilon(k)-\theta\varepsilon(k-1)\tag{7.10}$$

式中，ϕ是自回归系数。

在该干扰下，系统输出的期望如式(7.7)所示，均方差渐近值[12]为

$$AMSD=\frac{2\left(1+\theta\left(\theta-2\phi+\xi\lambda(1+\phi)\right)\right)}{(2-\xi\lambda)(1+\phi^2)\left(1-(1-\xi\lambda)\phi\right)}\sigma_\varepsilon^2\tag{7.11}$$

(3) ARIMA(1,1,1)干扰：

$$\eta(k)=(1+\phi)\eta(k-1)-\phi\eta(k-2)+\varepsilon(k)-\theta\varepsilon(k-1)\tag{7.12}$$

式中，ϕ是自回归系数。

在该干扰下，系统输出的期望如式(7.7)所示，均方差渐近值[12]为

$$AMSD = \frac{(1+\phi-\xi\lambda\phi)^2(1+\theta^2)-2\theta\left(1+\phi-\xi\lambda\right)}{\xi\lambda(2-\xi\lambda)(1-\phi^2)\left(1-(1-\xi\lambda)\phi\right)}\sigma_\varepsilon^2 \tag{7.13}$$

(4) 固定趋势干扰：

$$\eta(k) = \eta(k-1) + \delta + \varepsilon(k) \tag{7.14}$$

式中，δ是固定趋势的斜率。

在该干扰下，系统输出的期望为

$$\lim_{k\to\infty} E\left(y(k)\right) = \tau + \frac{\delta}{\xi\lambda} \tag{7.15}$$

均方差渐近值[12]为

$$AMSD = \frac{1}{\xi\lambda(2-\xi\lambda)}\sigma_\varepsilon^2 + \frac{\delta^2}{\xi^2\lambda^2} \tag{7.16}$$

由式(7.15)得，受固定趋势模型干扰的影响，EWMA 批间控制的输出与目标值有一定偏差，大小为$\dfrac{\delta}{\xi\lambda}$。当漂移量大时，需 dEWMA 等批间控制器抑制漂移量[4]。

7.3　基于参数估计的批间控制性能评估算法

7.3.1　参数估计

结合干扰(7.3)，系统(7.1)可描述为 ARMAX 模型[13]：

$$A\left(z^{-1}\right)y(k) = z^{-d}B\left(z^{-1}\right)u(k) + C\left(z^{-1}\right)\varepsilon(k) \tag{7.17}$$

式中，$\varepsilon(k)\in N\left(0,\sigma_\varepsilon^2\right)$；$A=1-z^{-1}$；$B=\beta\left(1-z^{-1}\right)$；$C= 1-\theta z^{-1}$；$d=1$表示输入时延。

采用递归算法，根据测量数据，获得每个批次 ARMAX 模型参数估计。由于$C\left(q\right)\varepsilon(k)$不是白噪声，因此无法直接利用线性回归估计参数。一个通用的 ARMAX 模型可描述为

$$A(z^{-1})y(k) = B(z^{-1})u(k) + C(z^{-1})\varepsilon(k) + \varepsilon(k) \tag{7.18}$$

即

$$\begin{aligned} y(k) + a_1 y(k-1) + \cdots + a_{n_a} y(k-n_a+1) = b_1 u(k-1) + \cdots + b_{n_b} u(k-n_b+1) \\ + c_1\varepsilon(k-1) + \cdots + c_{n_c}\varepsilon(k-n_c+1) \end{aligned} \tag{7.19}$$

式中，n_a，n_b和n_c是模型的阶次。

令

$\boldsymbol{h}(k)=\left(y(k-1),\cdots,y(k-n_a+1),u(k-1),\cdots,u(k-n_b+1),\varepsilon(k-1),\cdots,\varepsilon(k-n_c+1)\right)^{\mathrm{T}}$ ，$\boldsymbol{\psi}=\left(-a_1,\cdots,-a_{n_a},b_1,\cdots,b_{n_b},c_1,\cdots,c_{n_c}\right)^{\mathrm{T}}$ ，则式(7.19)为

$$y(k)=\boldsymbol{h}^{\mathrm{T}}(k)\boldsymbol{\psi}+\varepsilon(k) \tag{7.20}$$

通过递归算法计算$\boldsymbol{\psi}(k)$，

$$\begin{cases}\boldsymbol{K}(k)=\dfrac{\boldsymbol{P}(k-1)\boldsymbol{h}(k-1)}{\nu+\boldsymbol{h}^{\mathrm{T}}(k-1)\boldsymbol{P}(k-1)\boldsymbol{h}(k-1)}\\ \hat{\boldsymbol{\psi}}(k)=\hat{\boldsymbol{\psi}}(k-1)+\boldsymbol{K}(k)\left(y(k)-\boldsymbol{h}^{\mathrm{T}}(k-1)\hat{\boldsymbol{\psi}}(k-1)\right)\\ \boldsymbol{P}(k)=\dfrac{1}{\nu}\left(\boldsymbol{I}-\boldsymbol{K}(k)\boldsymbol{h}^{\mathrm{T}}(k-1)\right)\boldsymbol{P}(k-1),\boldsymbol{P}(0)=\sigma\boldsymbol{I}\end{cases} \tag{7.21}$$

式中，$\nu\in(0,1)$为遗忘因子。当ν取值较大时，方法对历史数据信息依赖程度高，对当前状态的跟踪减弱，对噪声不敏感，且收敛时估计误差也较小。故若$\boldsymbol{\psi}$为常量，则取$\nu=1$，最大限度地利用源自历史数据的信息；当ν取值较小时，算法对当前状态的跟踪性强，对历史信息的依赖降低，并对噪声敏感。故若$\boldsymbol{\psi}$为变量，则应取$\nu<1$，估计值可快速反应$\boldsymbol{\psi}$值的变化。性能评估的目的是监测当前控制性能的变化，所以应选择合适的ν以确保快速的反应速度和较小的估计方差。

当$\tau=0$时，若$\eta(k)$为IMA(1,1)干扰，则$e(k)$可以表达为关于白噪声的函数表达式。表7.1列出了不同条件下$e(k)$、$\hat{\lambda}$和扰动估计$\hat{\eta}(k)$的估计。

表7.1　不同条件下的IMA(1,1)扰动的估计

	$e(k)$	$\hat{\lambda}$	$\hat{\eta}(k)$
$\beta=b,d=0$	$\dfrac{1-\theta z^{-1}}{1-(1-\lambda)z^{-1}}\varepsilon(k)$	λ	$\dfrac{1-\left(1-\hat{\lambda}\right)z^{-1}}{1-\left(1-\hat{\lambda}\rho\right)z^{-1}}e(k)$
$\beta\neq b,d=0$	$\dfrac{1-\theta z^{-1}}{1-(1-\lambda\xi)z^{-1}}\varepsilon(k)$	$\dfrac{\lambda}{\xi}$	$\dfrac{1-\left(1-\hat{\lambda}\right)z^{-1}}{1-\left(1-\hat{\lambda}\rho\right)z^{-1}}e(k)$
$\beta=b,d\neq 0$	$\dfrac{1-\theta z^{-1}}{1-z^{-1}+\lambda z^{-1-d}}z^{-d}\cdot\varepsilon(k)$	$\dfrac{\lambda}{1+d\lambda}$	$\dfrac{1-z^{-1}+\lambda z^{-1-d}}{1-\left(1-\hat{\lambda}\rho\right)z^{-1}}z^{d}e(k)$
$\beta\neq b,d\neq 0$	$\dfrac{1-\theta z^{-1}}{1-z^{-1}+\lambda\xi z^{-1-d}}z^{-d}\cdot\varepsilon(k)$	$\dfrac{\lambda}{1+d\lambda}\cdot\dfrac{1}{\xi}$	$\dfrac{1-z^{-1}+\lambda z^{-1-d}}{1-\left(1-\hat{\lambda}\rho\right)z^{-1}}z^{d}e(k)$

由于在实际生产过程中，参数β和IMA(1,1)干扰中的参数θ无法事先获得准确值，因此输出误差$e(k)$只能用自定义的折扣因子λ、时延d来表示。其中，

ρ 为设定的调节参数，范围为 0.1～10，并无特别的物理意义。当 $\rho=1$ 时，估计噪声仅仅为白噪声。

根据正交投影方法[13,14]，系统的白噪声可以通过下式估计

$$\hat{\boldsymbol{\varepsilon}}_P(k)=\boldsymbol{e}_P(k)\Pi_{E_M(k)},P\to\infty \tag{7.22}$$

式中，

$$\begin{cases}\hat{\boldsymbol{\varepsilon}}_P(k)=\left(\hat{\varepsilon}(k),\hat{\varepsilon}(k-1),\cdots,\hat{\varepsilon}(k-P+1)\right)\\ \boldsymbol{e}_P(k)=\left(e(k),e(k-1),\cdots,e(k-P+1)\right)\\ \boldsymbol{E}_M(k)=\left(\boldsymbol{e}_P^{\mathrm{T}}(k-1),\boldsymbol{e}_P^{\mathrm{T}}(k-2),\cdots,\boldsymbol{e}_P^{\mathrm{T}}(k-M)\right)^{\mathrm{T}}\\ \Pi_{E_M(k)}=I-\boldsymbol{E}_M^{\mathrm{T}}(k)\left(\boldsymbol{E}_M(k)\boldsymbol{E}_M^{\mathrm{T}}(k)\right)\boldsymbol{E}_M(k)\end{cases} \tag{7.23}$$

则 $\hat{\varepsilon}(k)$ 为系统白噪声的估计。

7.3.2　性能评估指标

当目标值 τ 保持不变，无测量时延，模型失配系数 $\xi=1$，最优控制器生成最优观测器，换言之，获得最优控制性能的条件是观测器误差为白噪声。当考虑测量时延时，估计扰动有可能不完全等于观测器误差，但最优控制性能仍需满足估计扰动为白噪声的条件。由表 7.1 得，估计扰动 $\hat{\eta}(k)$ 可进一步被描述为

$$\begin{aligned}\hat{\eta}(k)&=\left(\frac{1-z^{-1}+\lambda z^{-1-d}}{1-\left(1-\hat{\lambda}\right)z^{-1}}\right)\left(\frac{1-\theta z^{-1}}{1-z^{-1}+\hat{\lambda}z^{-1-d}}\right)\varepsilon(k)\\ &\approx\left(\frac{1-\theta z^{-1}}{1-\left(1-\hat{\lambda}\right)z^{-1}}\right)\varepsilon(k)=\left(1-\frac{\left(\hat{\lambda}-(1-\theta)\right)z^{-1}}{1-\left(1-\hat{\lambda}\right)z^{-1}}\right)\varepsilon(k)\end{aligned} \tag{7.24}$$

化简可得

$$\hat{\eta}(k)\approx\left(1-\left(\hat{\lambda}-(1-\theta)\right)z^{-1}\right)\varepsilon(k) \tag{7.25}$$

当 $\hat{\lambda}=1-\theta$ 时，$\hat{\eta}(k)\approx\varepsilon(k)$。比较式(7.9)可得，此时的控制器近似最优，$\hat{\eta}(k)$ 也应近似于白噪声。利用 ARMAX 回归法检测如式(7.25)所示的 $\hat{\eta}(k)$ 的结构。对比式(7.19)，可得 $a_i=0,i=1,\cdots,n_a$，$b_i=0,i=1,\cdots,n_b$，此时需要估计的唯一参数为 $M=c_1\approx\hat{\lambda}-(1-\theta)$。当 M 接近于 0 时，$\hat{\eta}(k)$ 近似于白噪声，控制性能最优；反之，M 偏离 0 值时，性能次优。若选择 $M\in[-0.1,0.1]$ 作为最优控制性能范围，则有 $\left|\hat{\lambda}-(1-\theta)\right|\leqslant 0.1$，实际折扣因子 λ 与最优 λ_{opt} 之间差值约等于 $(1-d\lambda)^2\times 0.1$。

当实际折扣因子与最优折扣因子之间差值很小时，就不调整控制器。当然，M 值的设定范围仅仅是一个理论值，当其应用于实际工业过程时，还需要针对特殊情况进行调整[15]。

7.3.3 算例分析

1. 参数估计对 ARMAX 检测结果的影响

表 7.2 给出了制程系统的仿真参数，其中，IMA(1,1)的滑动平均系数 θ 在第 500 批次时从 0.8 跳变至 0.6，其他系统参数不变。

表 7.2 制程系统的仿真参数表

批次	β	b	θ	λ	d	
1～500	0.05	0.05	0.8	0.2	0	最优
501～2000	0.05	0.05	0.6	0.2	0	次优

从图 7.1 中可看出，当 $\nu=1$ 时，M 值变化不明显，即未能检测到 θ 的阶跃跳变；当 $\nu=0.998$ 时，M 值对系统性能的变化反应迅速明显，且振荡幅度相对其他 ν 值时也较小。因此在之后的仿真中，取 $\nu=0.998$。

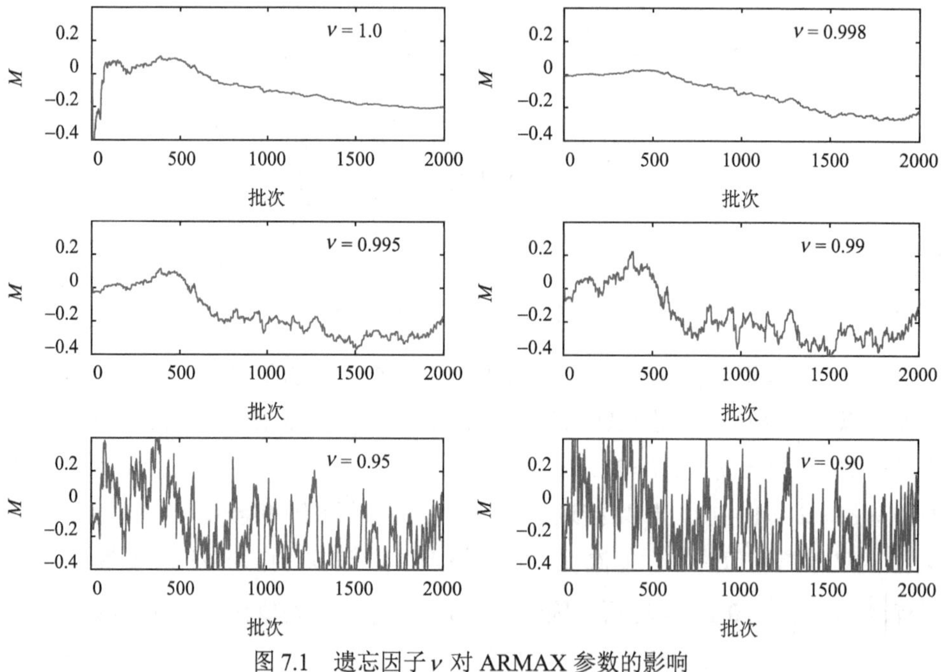

图 7.1 遗忘因子 ν 对 ARMAX 参数的影响

2. 模型失配

在本节中，所有批次采用 $\lambda=0.2$，$\theta=0.8$，$b=0.05$，在第 1～500 批次时，设 $\beta=0.05$，在 501～2000 批次，设定 $\beta=0.1$。从图 7.2(a) 中可以得出，输出并没有明显变化，但是从图 7.2(b) 中可知，从第 700 批次左右后，M 值偏离设定范围[−0.1,0.1]，进入系统控制性能次优范围。

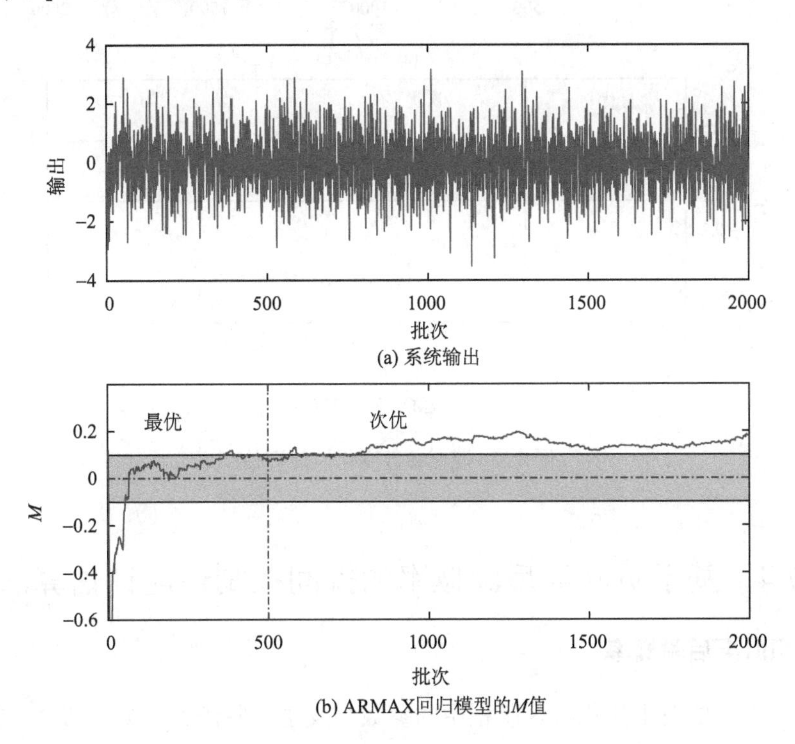

图 7.2　模型失配性能评估

3. 混合参数变化

在高度混合生产模式下，各批次的 β 和 θ 的值也是不尽相同的。假设在本次仿真中，模型匹配，即 $\beta=b=0.05$；在 $1\leqslant k\leqslant 500$ 时，设 $\theta(k)=0.8-0.1\sin(k/50)$，此时，设 $\lambda(k)=1-\theta(k)=0.2+0.1\sin(k/50)$；在 $501\leqslant k\leqslant 2000$ 时，设 $\theta(k)=0.4-0.1\sin(k/50)$，而 $\lambda(k)$ 保持不变。从图 7.3 可以看出，尽管系统输出无明显变化，但是 M 值显示出了系统性能变化，即在 $1\leqslant k\leqslant 500$ 时，控制器性能最优，在 $501\leqslant k\leqslant 2000$ 时，性能次优。

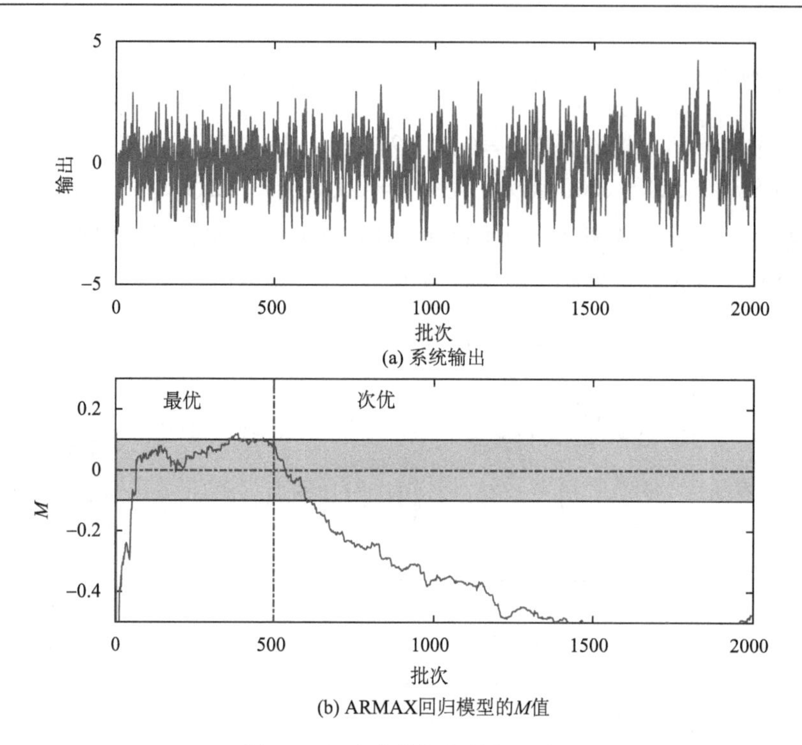

图 7.3　混合参数变化性能评估

7.4　基于贝叶斯后验概率的批间控制性能评估算法

7.4.1　贝叶斯后验概率

当制程品质发生变化时，制程中的参数会发生一些漂移。如前所述，控制器性能衰退会引起 ARMAX 模型参数 M 的漂移。为捕获漂移，监测制程品质的变化，可将晶圆品质信息按加工时间顺序划分为两个相邻的滚动时间窗口 B_1 和 B_2，分别包含 m_1 和 m_2 个晶圆，如图 7.4 所示。

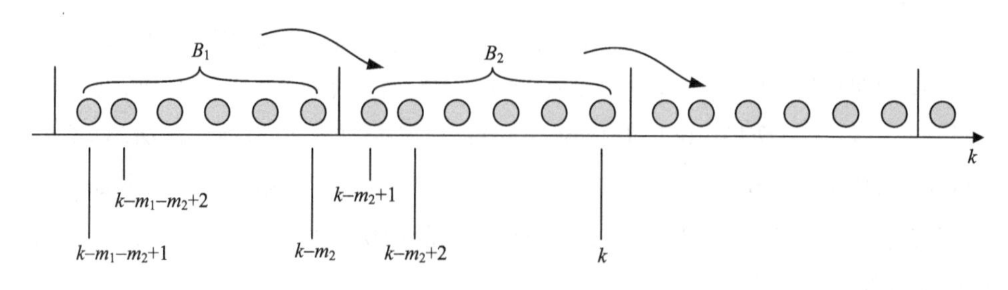

图 7.4　数据分析滚动窗口

设 A 为样本空间 Ω 的事件，$\{B_i\}_{i=1}^{n}$ 为 Ω 的一个划分，则在已知 A 发生的情况下，B_i 发生的后验概率[16]为

$$P(B_i \mid A)=\frac{P(B_i)P(A\mid B_i)}{\sum_{j=1}^{n}P(B_j)P(A\mid B_j)}, i=1,2,\cdots,n \tag{7.26}$$

式中,$P(B_i)$ 为 B_i 发生的先验概率,$P(B_i)>0\ (i=1,2,\cdots,n)$，$P\left(A\mid B_i\right)$ 是 B_i 关于 A 的似然函数[17]，即 B_i 发生条件下 A 发生的概率。

假设窗口 B_1 中样本均值 $\bar{M}_{B_1}=0$，窗口 B_1 中控制器性能为最优，B_2 中控制器的性能为次优。由式(7.26)可得，窗口 B_2 中的后验概率[18]为

$$P(B_2\mid A)=\frac{P(B_2)p(A\mid B_2)}{P(B_2)p(A\mid B_2)+P(B_1)p(A\mid B_1)} \tag{7.27}$$

式中,$P(B_2)$ 为先验概率(可由历史经验得到)。

由于只有两个滚动窗口，则 $P(B_1)=1-P(B_2)$。A 为时间窗口内的样本组合，$A=\{M(1),M(2),\cdots,M(n)\}$，$n=1,2,\cdots,m_2$。$p(A\mid B_2)$ 和 $p(A\mid B_1)$ 分别是 B_2 和 B_1 关于 A 的条件密度函数。B_2 关于单个晶圆控制器性能 $M(i)$ 的条件密度函数[19]为

$$p\left(M(i)\mid B_2\right)=\frac{1}{\sqrt{2\pi\sigma_{m_2}^2}}\exp\left[-\frac{\left(M(i)-\bar{M}_{B_2}\right)}{2\sigma_{m_2}^2}\right] \tag{7.28}$$

式中，

$$\begin{cases}\bar{M}_{B_2}=\dfrac{1}{n}\sum_{i=1}^{n}M(i)\\ \sigma_{m_2}=\sqrt{\dfrac{1}{n}\sum_{i=1}^{n}\left(M(i)-\bar{M}_{B_2}\right)^2}\end{cases} \tag{7.29}$$

因为集合 A 中所有样本 $M(i)$ 都是相互独立的，所以 A 的联合概率密度函数为

$$p(A\mid B_2)=\prod_{i=1}^{n}p\left(M(i)\mid B_2\right) \tag{7.30}$$

由式(7.29)可得

$$p(A\mid B_2)=\frac{\exp\left(-\dfrac{1}{2\sigma_{m_2}^2}\sum_{i=1}^{n}\left(M(i)-\bar{M}_{B_2}\right)^2\right)}{(\sqrt{2\pi\sigma_{m_2}^2})^n} \tag{7.31}$$

同理可得

$$p(A\,|\,B_1)=\frac{1}{\left(\sqrt{2\pi\sigma_{m_1}^2}\right)^n}\exp\left(-\frac{1}{2\sigma_{m_1}^2}\sum_{i=1}^{n}M(i)^2\right) \tag{7.32}$$

式中，$\sigma_{m_1}=\sqrt{\frac{1}{n}\sum_{i=1}^{n}M(i)^2}$ 。

由于输出扰动主要由白噪声造成的，所以

$$E(\sigma_{m_1})=E(\sigma_{m_2})=\sigma \tag{7.33}$$

将式(7.31)和式(7.32)代入式(7.27)得

$$P(B_2\,|\,A)=\frac{P(B_2)}{P(B_2)+\left(1-P(B_2)\right)\exp\left(-\frac{\sum_{i=1}^{n}\left(2M(i)\bar{M}_{B_2}-\bar{M}_{B_2}^2\right)}{2\sigma^2}\right)} \tag{7.34}$$

又因为

$$\sum_{i=1}^{n}\left(2M(i)\bar{M}_{B_2}-\bar{M}_{B_2}^2\right)=\bar{M}_{B_2}\left(2\sum_{i=1}^{n}M(i)-n\bar{M}_{B_2}\right)=\frac{1}{n}\left(\sum_{i=1}^{n}M(i)\right)^2 \tag{7.35}$$

将式(7.35)代入式(7.34)得后验概率为

$$P(B_2\,|\,A)=\frac{P(B_2)}{P(B_2)+\left(1-P(B_2)\right)\exp\left(-\frac{1}{2n\sigma^2}\left(\sum_{i=1}^{n}M(i)\right)^2\right)} \tag{7.36}$$

7.4.2　贝叶斯性能评估指标

若控制器性能衰退，则 $M(k)$ 会发生漂移，后验概率 $P(B_2\,|\,A)$ 则会变大。因此，可得出如下判别准则：

$R1$：若 $E\left(M(k)\right)=0$ 且 $P(B_2\,|\,A)\leqslant C$，则控制器性能最优；

$R2$：若 $E\left(M(k)\right)\neq 0$ 且 $P(B_2\,|\,A)>C$，则控制器性能次优。

其中，C 称为置信水平[20]，该准则即为控制性能评估基准。

引理 7.1：若给定置信水平 C，判别准则 $R1$，$R2$ 可检测 $M(k)$ 的范围为 $M(k)\,|\,\bar{M}_{B_2}\geqslant\gamma\sigma$，式中，$\gamma=\sqrt{-\frac{2}{n}\ln\left(\frac{P(B_2)-CP(B_2)}{C\left(1-P(B_2)\right)}\right)}$ 。

证明：因为

$$\frac{1}{2n\sigma^2}\left(\sum_{i=1}^{n}M(i)\right)^2=\left(\frac{1}{n}\sum_{i=1}^{n}M(i)\right)^2\frac{n}{2\sigma^2}=\frac{n}{2\sigma^2}\bar{M}_{B_2}^2 \tag{7.37}$$

所以，由式(7.36)得，当 $P(B_2\mid A)\geqslant C$ 时，即

$$\frac{P(B_2)}{P(B_2)+\left(1-P(B_2)\right)\exp(-\dfrac{n}{2\sigma^2}\bar{M}_{B_2}^2)}\geqslant C \tag{7.38}$$

所以有

$$\exp\left(-\frac{n\bar{M}_{B_2}^2}{2\sigma^2}\right)\leqslant\frac{P(B_2)-CP(B_2)}{C\left(1-P(B_2)\right)} \tag{7.39}$$

即 $\bar{M}_{B_2}\geqslant\sqrt{-\dfrac{2}{n}\ln\left(\dfrac{P(B_2)-CP(B_2)}{C\left(1-P(B_2)\right)}\right)}\sigma$ 。

证毕。

7.4.3　算例分析

1. 混合参数变化

考虑同 7.3.3 节中相同的参数变化，M 值的计算结果如图 7.5(a)所示，滚动窗口的贝叶斯后验概率如图 7.5(b)所示，贝叶斯后验概率在参数变化形式切换时较大，其他批次均很小。由此可以看出，贝叶斯后验概率对系统性能变化具有良好的提示作用。

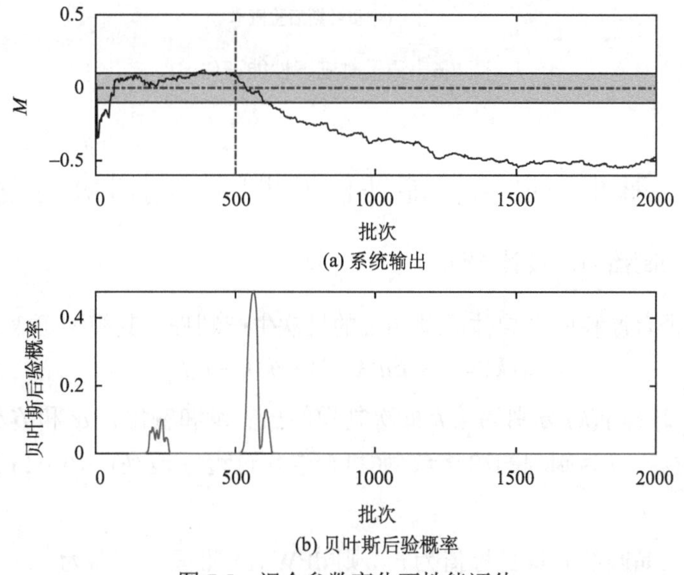

图 7.5　混合参数变化下性能评估

2.测量时延

在本节中，所有批次采用 $\lambda = 0.2$，$\theta = 0.8$，$\beta = b = 0.05$；在第 $1 \leqslant k \leqslant 500$ 批次时，无测量时延；在第 $501 \leqslant k \leqslant 2000$ 批次时，设系统有 1 个批次的测量时延。对系统进行仿真，得到 M 值如图 7.6(a)所示，滚动窗口的贝叶斯后验概率如图 7.6(b)所示。图 7.6(b)中显示，在第 500 批次后不远处，后验概率出现了较大变化。也就是说，所提指标及时提示了系统性能的变化。

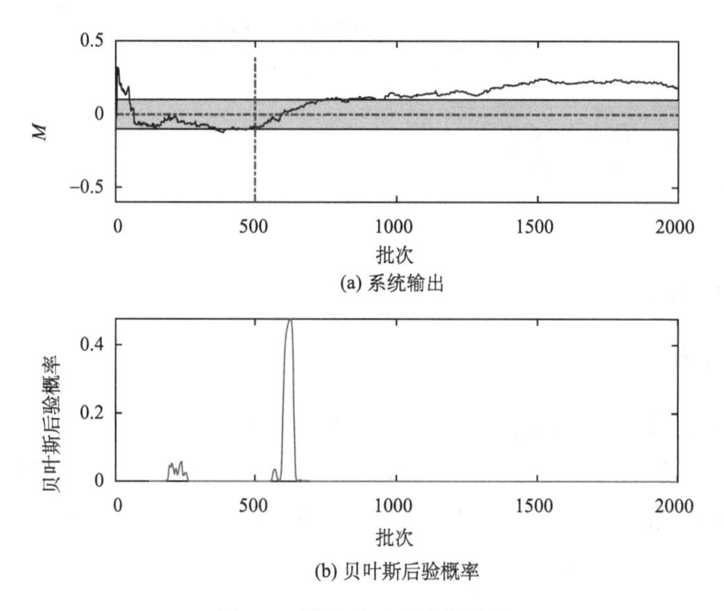

图 7.6　测量时延下性能评估

7.5　基于贝叶斯性能评估的批间控制器协同设计

7.5.1　批间控制器协同设计方法

考虑一带有漂移的半导体晶圆加工的批次生产制程，其模型可表示为

$$y(k) = \alpha + \beta u(k-1) + \delta \cdot k + \varepsilon(k) \tag{7.40}$$

式中，$u(k-1)$ 和 $y(k)$ 分别为第 k 批次制程的控制量和输出；α 和 β 分别为制程的偏置和增益；δ 为制程的漂移量(如机台老化过程)；$\varepsilon(k) \sim (0, \sigma_{\varepsilon}^2)$ 为制程的白噪声。

设待加工晶圆的质量目标值为 τ，则 dEWMA 批间控制器为

$$\begin{cases} a(k) = \lambda_1\left(y(k) - bu(k-1)\right) + (1-\lambda_1)\left(a(k-1) + D(k-1)\right) \\ D(k) = \lambda_2\left(y(k) - bu(k-1) - a(k-1)\right) + (1-\lambda_2)D(k-1) \end{cases} \tag{7.41}$$

$$u(k) = \frac{\tau - a(k) - D(k)}{b} \tag{7.42}$$

式中，$0 < \lambda_1, \lambda_2 < 1$ 为 dEWMA 批间控制器的折扣因子，决定了 dEWMA 批间控制器调整制程变异的能力；b 为制程增益 β 的估计值，由实验设计确定；$a(k)$ 为 $\alpha + \delta k + \varepsilon(k)$ 的似然估计；$D(k)$ 则是对漂移量 δ 的似然估计[21]，亦即

$$\begin{cases} E\left(a(k)\right) = E\left(\alpha + \delta \cdot k + \varepsilon(k)\right) \\ E\left(D(k)\right) = E(\delta) \end{cases} \tag{7.43}$$

代入式(7.42)得

$$u(k) = \frac{\tau - \alpha - \delta \cdot k - \varepsilon(k) - \delta}{b} \tag{7.44}$$

若批次制程存在测量时延 t_r，即在 k 批次时，测量系统只能得到 $k - t_r + 1$ 批次的制程输出值 $y(k - t_r)$，为此

$$\begin{aligned} E\left(u(k)\right) &= E\left(\frac{\tau - \alpha - \delta \cdot k - \delta}{b}\right) = E\left(\frac{\tau - \alpha - \delta \cdot (k - t_r) - (1 + t_r) \cdot \delta}{b}\right) \\ &= E\left(\frac{\tau - a(k - t_r) - (1 + t_r) \cdot D(k - t_r)}{b}\right) \end{aligned} \tag{7.45}$$

现有的晶圆批次制程都采用抽样测量机制[18]，很难确定 t_r 的大小。因此需要实时估算测量时延，记估计值为 t_p，则带测量时延估计的批间控制 $u(k)$ 为

$$u(k) = \frac{\tau - a(k - t_r) - (1 + t_p) \cdot D(k - t_r)}{b} \tag{7.46}$$

当模型不匹配参数 $\xi = \dfrac{\beta}{b} = 1$ 时，结合式(7.40)与式(7.44)得

$$\begin{aligned} E\left(y(k)\right) &= E\left(\alpha + \beta u(k-1) + \delta \cdot k + \varepsilon(k)\right) \\ &= E\left(\alpha + \tau - a(k - t_r - 1) - D(k - t_r - 1) - t_p D(k - t_r - 1) + \delta \cdot k\right) \\ &= E\left(\tau - t_p D(k - t_r - 1) + \alpha + \delta \cdot k - a(k - t_r - 1) - D(k - t_r - 1)\right) \\ &= \tau + (t_r - t_p) \cdot \delta \end{aligned} \tag{7.47}$$

由式(7.47)可知，式(7.46)控制的系统具有如下性质[22]。

性质 7.1：(1) 当制程的漂移 $\delta > 0$ 时，若 $t_p > t_r$，则 $E\left(y(k)\right) < \tau$；若 $t_p < t_r$，则 $E\left(y(k)\right) > \tau$；若 $t_p = t_r$，则 $E\left(y(k)\right) = \tau$；

(2) 当制程的漂移 $\delta < 0$ 时，若 $t_p > t_r$，则 $E\left(y(k)\right) > \tau$；若 $t_p < t_r$，则

$E\left(y(k)\right)<\tau$；若 $t_p=t_r$，则 $E\left(y(k)\right)=\tau$。

由性质 7.1 可知，当 $t_p \neq t_r$ 时，则该批次制程的输出 $y(k)$ 会发生相应的漂移。若能及时捕获该漂移，即可计算出 t_p，进而调整批间控制律 $u(k)$，使待加工的晶圆质量稳定在目标值附近。

根据上一节的分析可知，可采用贝叶斯性能评估方法对制程输出的漂移情况进行监测。结合判别准则 R_1 和 R_2 可得，t_p 的推算思路如下：

S_1：若 $E\left(y_{B_2}(k)\right)>\tau$ 且 $P(B_2\mid A)\geqslant C$，则 $t_p(k)=t_p(k-1)+1$；

S_2：若 $E\left(y_{B_2}(k)\right)<\tau$ 且 $P(B_2\mid A)\geqslant C$，则 $t_p(k)=t_p(k-1)-1$；

S_3：若联合概率不满足 S_1 与 S_2，则 $t_p(k)=t_p(k-1)$。

结合贝叶斯性能评估形成的基于测量时延估计的批间控制器如图 7.7 所示。

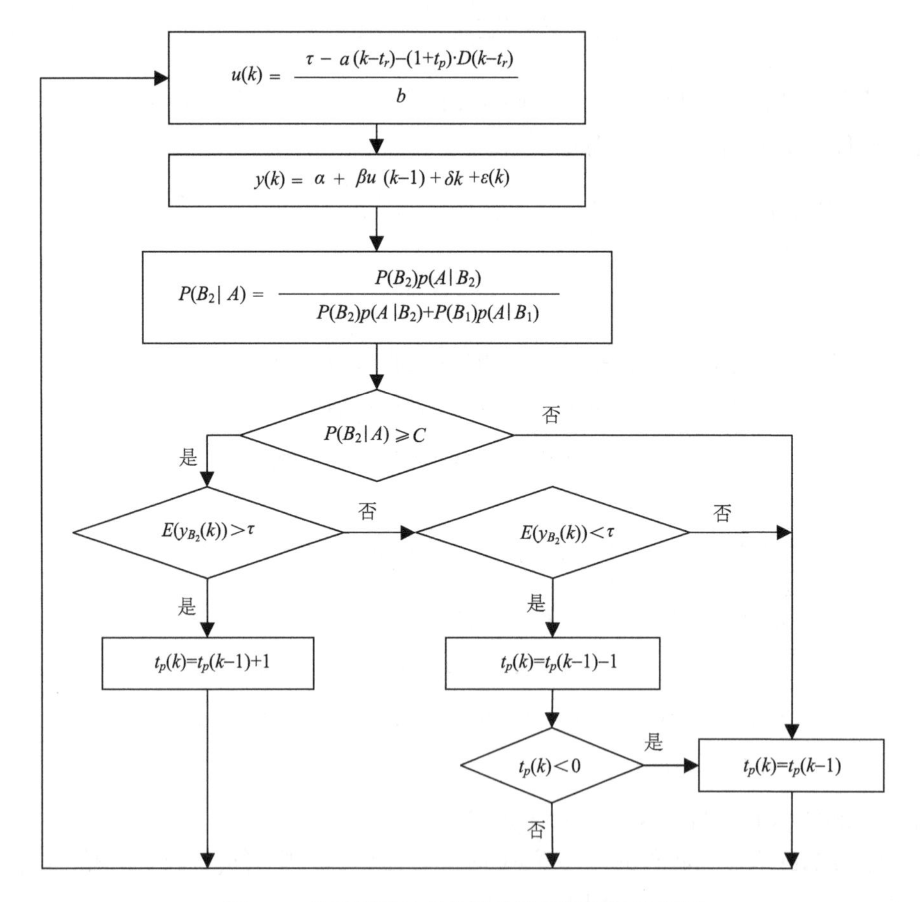

图 7.7　基于测量时延估计的批间控制器流程图

7.5.2　算例分析

设一待加工晶圆的参数为$\alpha=5$，$\beta=5$，机台的漂移为$\delta=5$，生产制程的噪声为$\varepsilon(k)\sim(0,0.2^2)$，产品的目标值$\tau=0$。取模型不匹配参数为$\xi=1$，总批次数为 500。基于本书所述算法，设置两个滚动时间窗口B_1与B_2，其窗口大小为$m_1=m_2=5$。由于时延具有延续性，测量时延t_r有可能被多次重复估计。为避免此情况，令

$$h=\frac{1}{m_2}\sum_{i=k}^{k+m_2-1}y(i)-\frac{1}{m_1}\sum_{i=k-m_1}^{k-1}y(i) \tag{7.48}$$

式中，h为两个相邻滚动时间窗口数据平均值的差值。

若在第k批次及其后的几个批次，即：在k、$k+1$、$k+2$等批次中出现等值测量时延，本书算法在第k批次，捕获了该时延t_p，但在$k+1$批次，该值又有可能被重复估计，因为此时窗口变换成$B_1=\{y(k-4),\cdots,y(k)\}$和$B_2=\{y(k+1),\cdots,y(k+5)\}$，则

$$h=\frac{1}{m_2}\sum_{i=k+1}^{k+m_2}y(i)-\frac{1}{m_1}\sum_{i=k-m_1+1}^{k}y(i) \tag{7.49}$$

可见，h仍有漂移。为了避免这种重复估计，可令$B_1=\{y(k),y(k),y(k),y(k),y(k)\}$。设实际测量时延$t_r$如图 7.8 所示。

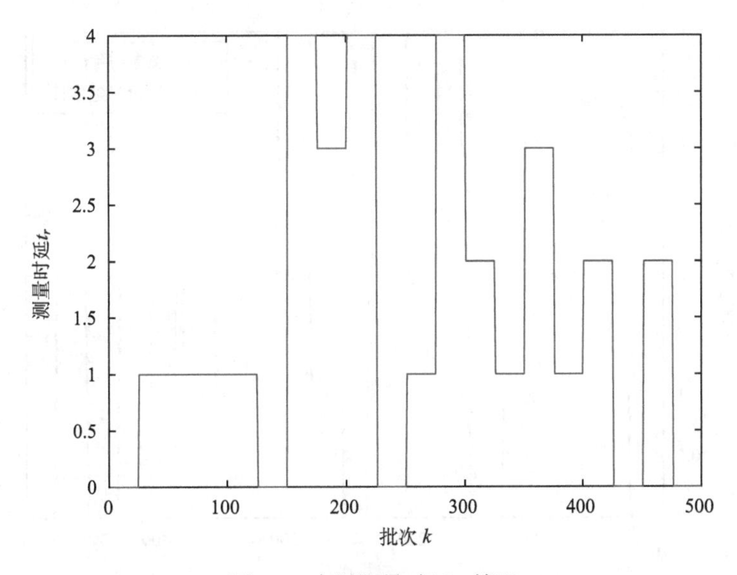

图 7.8　实际测量时延 t_r 情况

依据滚动窗口的贝叶斯后验概率估计结果如图 7.9 所示。

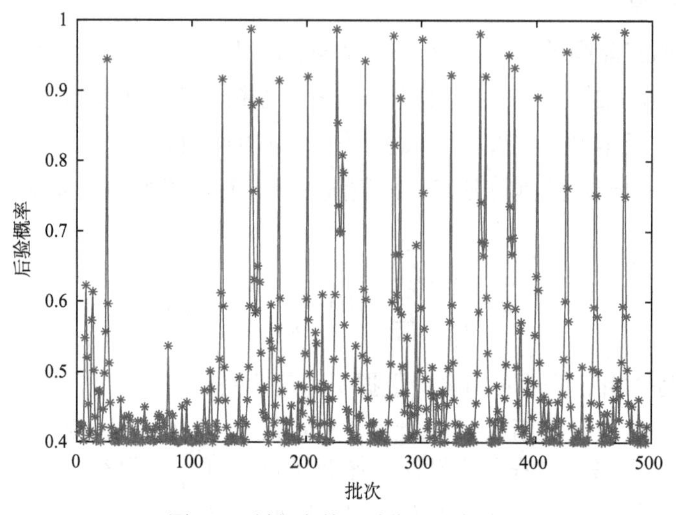

图 7.9　制程中的贝叶斯后验概率

从图 7.9 可以看出，在第 26 批次及其他测量时延切换的批次，窗口 B_2 的联合后验概率 $P(B_2 \mid A)$ 发生明显变化。依据本书准则：当后验概率 $P(B_2 \mid A) \geqslant C$（如在 $C=80\%$ 的情况下，可检测到由测量时延引起的扰动范围 $\overline{y}_{B_2} \geqslant 2.677\sigma$）时，说明 $t_p < t_r$，需及时调整 t_p（即令 $t_p = t_p + 1$），直至 $t_p = t_r$。测量时延估计结果如图 7.10 所示。

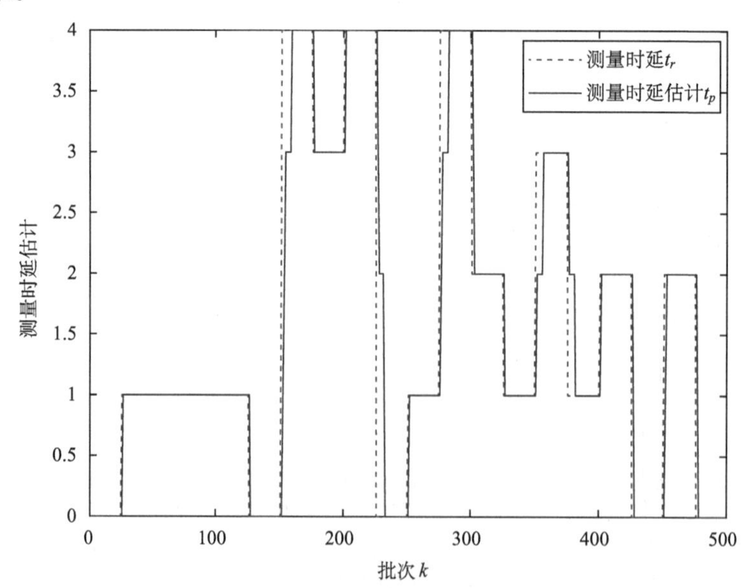

图 7.10　基于贝叶斯后验概率的测量时延估计

由图 7.10 可知，本书算法能够及时捕获测量时延 t_r 的变化。基于所估计的测量时延 t_p，补偿 dEWMA 批间控制器的输出 $u(k)$，使制程输出 $y(k)$ 稳定在目标值附近。系统输出结果如图 7.11 所示。晶圆的品质只在测量时延发生变化时有跳动，从整体上看，所提算法较好地改善了批间控制器的效果。

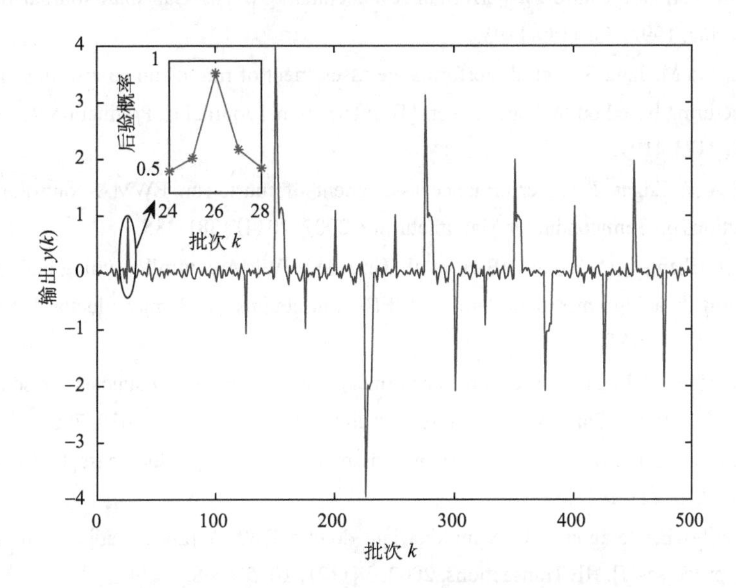

图 7.11　基于估计测量时延的批间控制器控制效果

7.6　本 章 小 结

本章考虑控制器性能随时间推移而衰退的现象，从典型干扰下 EWMA 批间控制器的性能分析出发，指出了系统输出的最优性能计算方式。结合 ARMAX 模型参数估计和贝叶斯后验概率计算，提出了半导体晶圆制程的性能评估方法，实时监控制程是否运行于最优状态。多种干扰情况下的仿真表明了所提性能指标的有效性。此外，根据测量时延系统性质，结合贝叶斯性能评估方法，跟踪测量时延的变化，通过 dEWMA 批间控制器的协同设计，及时补偿测量时延引起的输出变异，提高制程晶圆的良率。

参 考 文 献

[1] Aström K. Computer control of a paper machine-an application of linear stochastic control theory[J]. IBM Journal, 1967, 11(4): 389-396.

[2] DeVries W, Wu S. Evaluation of process control effectiveness and diagnosis of variation in paper basis weight via multivariate time series analysis[J]. IEEE Transactions on Automatic Control, 1978, 23(4): 702-708.

[3] Desborough L, Harris T. Performance assessment measures for univariate feedback control minimum variance control: a performance benchmark[J]. The Canadian Journal of Chemical Engineering, 1992, 70: 1189-1195.

[4] Chen L, Ma M, Jang S S, et al. Performance assessment of run-to-run control in semiconductor manufacturing based on IMC framework[J]. International Journal of Production Research, 2009, 47(15): 4173-4199.

[5] Prabhu A V, Edgar T F. Performance assessment of run-to-run EWMA controllers[J]. IEEE Transactions on Semiconductor Manufacturing, 2007, 20(4): 381-385.

[6] Ma M D, Chang C C, Wong D S H, et al. Threaded EWMA controller tuning and performance evaluation in a high-mixed system[J]. IEEE Transactions on Semiconductor Manufacturing, 2009, 22(4): 507-511.

[7] Wang J, He Q P, Edgar T F. Control performance assessment and diagnosis for semiconductor processes[C]. Proceedings of the 2010 American Control Conference, 2010, 7004-7009.

[8] Ko B S, Edgar T F. PID control performance assessment: the single-loop case[J]. AIChE Journal, 2004, 50(6): 1211-1218.

[9] Del Castillo E, Rajagopal R. A multivariate double EWMA process adjustment scheme for drifting processes[J]. IIE Transactions, 2002, 34(12): 1055-1068.

[10] Good R, Qin S J. Stability analysis of double EWMA run-to-run control with metrology delay[J]. Proceedings of the American Control Conference, 2002, 3: 2156-2161.

[11] Sachs E, Hu A, Ingolfsson A, et al. Modeling and control of an expitaxial silicon deposition process with step disturbances[C].IEEE/SEMI Advanced Semiconductor Manufacturing Conference and Workshop, 1991, 104-107.

[12] 万莉. 批间控制器性能评估算法研究[D]. 镇江: 江苏大学, 2016.

[13] Ljung L. System identification: theory for the user[M]. Second edition. Prentice Hall, 1999.

[14] Zheng Y, Ling D, Wang Y W, et al. Model quality evaluation in semiconductor manufacturing process with EWMA run-to-run control[J]. IEEE Transactions on Semiconductor Manufacturing, 2016, 30(1): 8-16.

[15] Jiang X J. Control performance assessment of run-to-run control system used in high-mix semiconductor manufacturing[D]. Austin: University of Texas, 2012.

[16] Fiorillo D C, Tobler P N, Schultz W. Discrete coding of reward probability and uncertainty by dopamine neurons[J]. Science, 2003, 299(5614): 1898-1902.

[17] Wang J, He Q P. A bayesian approach for disturbance detection and classification and its application to state estimation in run-to-run control[J]. IEEE Transactions on Semiconductor Manufacturing, 2007, 20(2): 126-136.

[18] Zhao Y X, Li H X, Ding H, et al. Run to run control of time-pressure dispensing system[J].

Chinese Journal of Mechanical Engineering, 2004, 17(2): 173-176.

[19] 李威, 韩崇昭, 闫小喜. 基于相对熵的概率假设密度滤波器序贯蒙特卡罗实现方式[J]. 控制与决策, 2013, 13(5): 997-1002.

[20] Nounou M N, Bakshi B R, Goel P K, et al. Process modeling by Bayesian latent variable regression[J]. AIChE Journal, 2002, 48(8): 1775-1793.

[21] Chen J, Munoz J, Cheng N. Deterministic and stochastic model based run-to-run control for batch processes with measurement delays of uncertain duration[J/OL]. Journal of Process Control, 2012, 22(2): 508-517.

[22] Chen A, Guo R S. Age-based double EWMA controller and its application to CMP processes[J]. IEEE Transactions on Semiconductor Manufacturing, 2001, 14(1): 11-19.